Arbeitssicherheit im Bauhof

Gefährdungsbeurteilungen, Betriebsanweisungen und Unterweisungen

November 2025

Autoren:

Donato Muro

FORUM

WISSEN, DAS ANKOMMT.

Bibliografische Information der Deutschen Bibliothek

Die Deutsche Bibliothek verzeichnet diese Publikation in der Deutschen Nationalbibliografie; detaillierte bibliografische Daten sind im Internet über http://dnb.dnb.de abrufbar.

Mandichostraße 18
86504 Merching

Telefon: +49 (0)8233 381-123
Fax: +49 (0)8233 381-222
E-Mail: service@forum-verlag.com
Internet: forum-verlag.com

Hinweis: Aus Gründen der besseren Lesbarkeit und Einfachheit wird in den folgenden Texten meist die männliche Form verwendet. Die verwendeten Bezeichnungen sind als geschlechtsneutral bzw. als Oberbegriffe zu interpretieren und gelten gleichermaßen für alle Geschlechter.

Titelfoto/-illustration: © EnioRBC – stock.adobe.com
Satz: Reemers Publishing Services GmbH, 47799 Krefeld
Druck: Joh. Walch GmbH & Co. KG, 86179 Augsburg
Printed in Germany

ISBN 978-3-98875-252-9 (Digital)
ISBN 978-3-98875-253-6 (Premium)

Sicher arbeiten, gesund bleiben

Liebe Leserinnen und Leser,

ob draußen im Grünen, in der Werkstatt oder auf sämtlichen Verkehrsflächen: Die Arbeit im Bauhof muss gut und sicher erledigt werden. Die Voraussetzungen dafür schafft der Bauhofleiter mit optimaler Ausrüstung, zielgerichteter Aus- und Weiterbildung und regelmäßigen Kontrollen, Unterweisungen und aktuellen Gefährdungsbeurteilungen.

Denn: Arbeitssicherheit ist wichtig und die Zeit dafür muss man sich nehmen.

In diesem Buch finden Sie Anregungen, mögliche Stolpersteine und praktische Tipps. Auch erhalten Sie konkrete Infos dazu, wie Sie ein System so einrichten, dass möglichst wenig Zeit investiert werden muss und gleichzeitig keine wichtigen Fristen verpasst werden, alles richtig dokumentiert wird und somit auch die nächste Begehung kein Problem darstellt.

Unser Autor spricht Sie dabei auf Augenhöhe an, macht in jedem Kapitel gezielt auf die aktuellen Änderungen aufmerksam und gibt Ihnen fertige Bausteine an die Hand.

Ergänzt wird das Handbuch durch zahlreiche Muster für Unterweisungen, Betriebsanweisungen und Gefährdungsbeurteilungen, die Sie online finden und einfach an Ihre Bedürfnisse anpassen können.

Ich wünsche Ihnen und Ihrem Team unfallfreies Arbeiten, Freude bei Ihren Aufgaben und natürlich viel Gesundheit!

Herzliche Grüße

Sonja Mayer

Objektleiterin „der bauhofLeiter"

Hinweis

Sie haben Anregungen und Wünsche zu unseren Bauhofproduk-ten und Events?

Wir freuen uns auf Ihre Nachricht:

redaktion@bauhof-leiter-de

Aufgrund der leichteren Lesbarkeit wird auf die geschlechtsneutrale Form verzichtet, die männliche Schreibform schließt immer auch die weibliche Form mit ein.

Gegenüber den Autoren und dem Verlag begründet dieses Erzeugnis keine Auskunfts- und Beratungspflicht und auch keine anderweitige Bindungswirkung. Die individuellen Gegebenheiten des Einzelfalls gebieten es an, dass keine Gewähr für Verbindlichkeiten und Vollständigkeit der in diesem Werk enthaltenen Darstellungen und Aussagen gegeben werden.

Autorenverzeichnis

Donato Muro

Quelle: privat

ist ein interdisziplinär ausgebildeter Experte für Sicherheit, Gesundheit und Compliance. Er hat an renommierten deutschen Hochschulen studiert und verfügt über folgende Abschlüsse:

- B.Sc. Chemie und Biotechnologie
- M.Eng. Vorbeugender Brandschutz
- M.Eng. Arbeits-, Betriebs- und Anlagensicherheit
- M.Sc. Betriebliches Gesundheitsmanagement
- LL.M. Compliance and Corporate Security
- M.A. Arbeitspsychologie
- MBA Master of Business Administration
- Fachwissenschaftler für Toxikologie

Mit diesem breiten Fundament vereint er Fachwissen aus Chemie, Ingenieurwesen, Recht, Psychologie und Gesundheitsmanagement. **Arbeitsschutz versteht er nicht als Beruf, sondern als Berufung.**

Mit seinem 2017 gegründeten Unternehmen *Sicherheitsingenieur.NRW* ist sein Ziel, die Gesundheit von Beschäftigten zu schützen, Arbeitsunfälle zu verhindern und Unternehmen beim rechtssicheren Handeln zu unterstützen.

Als Sachverständiger für Brandschutz sowie gemäß der AwSV qualifiziert, bringt Donato Muro sein Wissen in allen wesentlichen Bereichen der Arbeitssicherheit ein.

Darüber hinaus engagiert er sich als Lehrbeauftragter an verschiedenen deutschen Hochschulen in der Ausbildung der nächsten Generation von Fach- und Führungskräften.

Inhaltsverzeichnis

Grundlagen zur Arbeitssicherheit im Bauhof

Wer du bist und was zählt: Rolle der Bauhofleitung

Du führst den Bauhof. Das heißt: Du ordnest, priorisierst und sorgst dafür, dass eure Arbeit sicher, gesund und verlässlich läuft – draußen im Einsatz, in der Werkstatt und auf allen Verkehrsflächen. Dein Ziel ist ein System, das im Alltag funktioniert: klare Rollen, wenige, aber wirksame Regeln und eine Dokumentation, die Entscheidungen nachvollziehbar macht – nicht Papier um des Papiers willen. Ja, neben Sicherheit jonglierst du Termine der Kommune, knifflige Budgets und auch mal verärgerte Bürger. Trotzdem: Sicherheit geht vor. Wenn du hier sauber führst, wird vieles andere leichter.

Sprich konsequent von der Sifa (Fachkraft für Arbeitssicherheit) – nicht von „FASI" oder ähnlichen Alt-Begriffen. Einheitliche Sprache schafft Klarheit in Besprechungen, Unterweisungen und Anweisungen, besonders wenn mehrere Partner zusammenspielen (Stadt, Fremdfirmen, Unfallversicherung, Betriebsarztpraxis). Die Sifa ist dein fachlicher Lotse: Sie unterstützt dich bei Gefährdungsbeurteilungen, Betriebsbegehungen, der Auswahl geeigneter Arbeitsmittel und PSA, bei Unterweisungen sowie bei der Wirksamkeitskontrolle von Maßnahmen. Wichtig: Die Sifa berät – führen, entscheiden und priorisieren tust du.

Ebenso wichtig ist die ärztliche Seite. Der Betriebsarzt bzw. die Betriebsärztin bringt die medizinische Perspektive ein: arbeitsmedizinische Vorsorge (z. B. bei Lärm, Vibrationen, Gefahrstoffen, biologischen Arbeitsstoffen und intensiver Sonnenexposition), Eignungs- und Belastungsthemen, Schutz vor Hitze, Kälte und UV, Impfangebote sowie pragmatische Empfehlungen für Saisonspitzen (Winterdienst, Sommerhitze). Sifa und Betriebsarzt bilden deine fachliche Achse: Du lässt dich beraten, triffst die Entscheidung und sorgst für Umsetzung.

Sicherheitsbeauftragte sind deine Augen und Ohren vor Ort. Ab einer gewissen Betriebsgröße solltest du sie benennen – nach Bereichen oder Standorten. Sie haben keine Weisungsbefugnis, erkennen aber Abweichungen früh, achten auf die Nutzung der PSA, sprechen Missstände an und melden zurück. Damit das wirkt, brauchen sie einen direkten Draht zu dir, kurze Wege in die Führung und einen festen Platz in euren Sicherheitsrunden. Ideal ist, wenn Sicherheitsbeauftragte, Sifa und Betriebsarzt sich zusätzlich im Arbeitsschutzausschuss (ASA) austauschen – dort werden Beobachtungen, Maßnahmen und Wirksamkeit kontinuierlich zusammengeführt.

Nimm deine Vorarbeiter und Meister bewusst in die Verantwortung. Führungskräfte prägen Verhalten jeden Tag – mehr als jedes Schild. Kläre, welche Checks sie vor Schichtbeginn machen (z. B. Maschinenfreigabe, UV-Index/Wetterblick, Verkehrswege), wie sie Unterweisungsinhalte im Alltag anstoßen (Toolbox-Minute) und wie sie Mängel melden und nachfassen. So verankerst du Sicherheit im Tagesgeschäft.

Hinweis

Arbeitsschutzausschuss (ASA)

Der ASA bündelt alle Fäden der Arbeitssicherheit und ist das zentrale Gremium für Arbeitssicherheit.

Wann Pflicht? Sobald regelmäßig mehr als 20 Beschäftigte tätig sind, ist ein ASA einzurichten.

Wer gehört hinein? Arbeitgeber/Leitung (oder bevollmächtigt), Sifa, Betriebsarzt/-ärztin, Sicherheitsbeauftragte aus relevanten Bereichen, außerdem Betriebs-/Personalrat.

Wozu? Der ASA ist kein „Formaltermin“, sondern der Ort, an dem Gefährdungsbeurteilungen, Betriebsanweisungen, Unterweisungen, Prüfpflichten sowie Unfall-/Beinaheereignisse zusammengeführt und maßnahmenscharf gesteuert werden. Ergebnis jeder

Sitzung ist ein kurzes Protokoll mit Verantwortlichen und Fristen („Wer macht was bis wann?“).

Wie oft? Vierteljährlich hat sich bewährt; zusätzliche Ad-hoc-Runden bei wesentlichen Änderungen (z. B. neue Anlage, Regelwerksupdate, Auffälligkeiten). Praxis-Tipp: Den ASA-Jahrestakt bereits im Kalender verankern (KW 7/20/33/46) und die ASA-Punkte in Monatsbegehungen und Toolbox-Minuten rückkoppeln – so bleibt die Wirksamkeit hoch.

Das STOP-Modell

Ein Grundprinzip trägt dich durch alle Themen: das STOP-Modell. Es sagt einfach und klar, in welcher Reihenfolge du schützt – erst ersetzen/vermeiden (Substitution), dann technisch sichern (Einhausung, Absaugung, Geländer), danach organisatorisch regeln (Wege, Zeitfenster, Freigaben, Einweiser) und erst am Ende persönliche Schutzausrüstung einsetzen.

Beispiel 1: Staub an der Tischkreissäge – erst die staubarme Lösung wählen (anderes Verfahren), dann eine wirksame Absaugung anbringen, die Arbeitsabfolge regeln (nur freigegebene Werkzeuge, Reinigung ohne Druckluft), und erst wenn Reststaub bleibt, Schutzbrille und geeignete Atemmaske nutzen.

Beispiel 2: Außenarbeit in der Hitze – erst Schichten verlegen (früher starten), dann Verschattung/Unterstände bereitstellen und Trinkwasser sichern, klare Pausen und Stop-Regeln festlegen; Kleidung, Kopfbedeckung, Sonnenbrille und Sonnenschutz kommen danach als persönlicher Schutz.

Hinweis

Was du aktuell besonders im Blick behältst

Arbeiten im Freien. Das ist heute präziser geregelt: Es geht nicht mehr um „wird schon passen“, sondern um geplanten Schutz vor Hitze, Kälte, UV, Wind und Niederschlag. Das gehört in die Gefährdungsbeurteilung, in die Unterweisung und in die tägliche Einsatzsteuerung. Plane Zeitfenster (z. B. früher starten), stelle Verschattung und Unterstände bereit, sichere Trinkwasserstellen und lege Schutzkleidung und STOP-Kriterien fest (z. B. Gewitter, extreme Hitze/Kälte). Nutze den UV-Index als Tagessteuerung – ab mittleren Werten gelten feste Regeln.

Biostoffe im Bauhof-Alltag. Nicht nur im Labor: Biostoffe begegnen dir bei Kompost, Abfall, Schimmel, Abwasser, in Parks (Vogelkot, Entenkot), bei Tier- und Pflanzenresten oder bei neuen, wärmeliebenden Insektenarten. Sorge für Hygiene (Händewaschen, Wechselzonen), staub- und spritzarme Verfahren, passende PSA und klare Wege „sauber/schmutzig“. Nimm diese Themen in die Unterweisung auf – kurz, konkret, am Ort der Arbeit.

Gefahrstoffe. Die überarbeitete Gefahrstoffverordnung betont wieder den Schutz beim Bauen im Bestand (Asbest bleibt ein Kernthema) und macht deutlich, dass auch psychische Belastungen berücksichtigt werden: Unsicherheit, Angst oder Stress in unklaren Bestandssituationen gehören in die Gefährdungsbeurteilung und in die Unterweisung. Für dich heißt das: Stoffe und Tätigkeiten sauber erfassen, Risiken bewerten, Beschäftigte informieren, klare Stop-/Freigaberegeln festlegen. Und noch ein Blick auf die Realität: Auch der Umgang mit Bürgerinnen und Bürgern kann belasten. Wenn dein Team regelmäßig angepöbelt wird, gehört das ebenfalls in die „psychische GBU“ – mit Maßnahmen wie klaren Meldeketten, Schulungen zur Deeskalation und Rückhalt durch Führung.

Rechtsrahmen – kurz, klar, nützlich

Gesetze sind verbindlich, klingen aber oft abstrakt. Deshalb stützen wir uns im Alltag auf die Verordnungen und Regeln, die das konkretisieren. Für den Bauhof sind vor allem wichtig:

- die Betriebssicherheitsverordnung (sichere Arbeitsmittel und Anlagen),
- die Gefahrstoffverordnung (sicherer Umgang mit gefährlichen Stoffen, inklusive Asbest),
- die Arbeitsstättenverordnung (Arbeitsplätze, Verkehrswege, Fluchtwege, Erste Hilfe),
- die Verordnung zur arbeitsmedizinischen Vorsorge,

- die Biostoffverordnung,
- die Lärm- und Vibrations-Verordnung,
- die Lastenhandhabungsverordnung und
- die PSA-Benutzungsverordnung.

Aus dem Regelwerk der Unfallversicherung brauchst du in jedem Fall die Grundsätze der Prävention, außerdem – je nach Tätigkeiten – Vorschriften wie „Elektrische Anlagen und Betriebsmittel“ (im kommunalen Bereich üblicherweise die Vorschrift 4), „Straßenreinigung“ und „Fahrzeuge“.

Gefahrgutrecht (ADR) kann eine Rolle spielen, ist hier aber nicht Schwerpunkt.

Wichtig ist: Diese Regeln helfen dir beim Übersetzen – von der juristischen Pflicht in praxistaugliches Handeln.

Pflichten übertragen – aber richtig

Du kannst zuverlässige und fachkundige Personen schriftlich damit beauftragen, bestimmte Aufgaben im Arbeitsschutz in eigener Verantwortung wahrzunehmen. Das ist kein „Wegdelegieren“, sondern geordnete Verantwortlichkeit. Halte fest, wofür die Person zuständig ist (z. B. Prüfungen an bestimmten Arbeitsmitteln, Freigaben für bestimmte Tätigkeiten), welche Befugnisse sie hat (z. B. anhalten, sperren, beauftragen), und lass dir die Beauftragung gegenzeichnen. Eine Ausfertigung bekommt die beauftragte Person – und du legst die Originale zentral ab. Damit ist klar: Wer entscheidet was – und mit welcher Vollmacht.

So bringst du deine Rolle auf den Punkt – Schritt für Schritt

1. Rollen klären. Schreibe auf einer Seite fest, wer Sifa, Betriebsarzt, Sicherheitsbeauftragte, Vorarbeiter und befähigte Personen sind – mit Aufgaben, Entscheidungswegen und Vertretungen. Ergänze die schriftliche Pflichtenübertragung, falls noch nicht vorhanden.
2. Lagebild schaffen. Bestimme mit Sifa, Vorarbeitern und Sicherheitsbeauftragten die drei größten Risiken (zum Beispiel Außenarbeit/Witterung, Verkehr/Rangieren, Werkstatt/Maschinen,

Gefahrstoffe, Biostoffe, Erste Hilfe, Brandschutz) – und lege die Reihenfolge fest, in der ihr sie abarbeitet.

3. Gefährdungsbeurteilung aktualisieren. Außenarbeitsplätze (Hitze, Kälte, UV, Wind/Nässe) und Bestandsarbeiten (Asbest) nimmst du gezielt in den Blick. Ergänze fehlende Maßnahmen, definiere Verantwortliche und Termine. Prüfe nach einigen Wochen, ob die Maßnahmen wirken – sonst nachschärfen.
4. Unterweisen mit System. Plane einen einfachen Jahresrhythmus (Frühjahr: UV/Hitze, Herbst: Kälte/Nässe, laufend: Maschinen/Verkehrsflächen, Gefahrstoffe/Asbest-Sensibilisierung, Biostoffe/Hygiene). Unterweise möglichst am Ort der Arbeit: zeigen – machen lassen – Rückfragen klären. Dokumentiere schlank.
5. Wirksamkeit prüfen und nachsteuern. Einmal im Monat eine kurze Begehung mit Sifa und Sicherheitsbeauftragten; Rückmeldungen sammeln; eine kleine Kennzahl nutzen (z. B. Beinaheereignisse); Maßnahmen anpassen und im Team kurz kommunizieren.
6. Dokumente lebendig halten. Nimm Gefährdungsbeurteilungen und Betriebsanweisungen mindestens einmal im Jahr in die Hand; spätestens nach drei Jahren oder bei Ereignissen (Unfall, Beinaheunfall, neue Vorschriften/Verfahren) passt du sie an. So bleibt ihr auf Stand – und handlungsfähig.

Wenn du diese Linie konsequent fährst, holst du das Optimum aus den Rollen heraus, setzt neue Anforderungen praxistauglich um und hältst den Bauhof stabil – sicher für die Leute, verlässlich für den Betrieb. Genauso entsteht gelebter Arbeitsschutz: klar, wirksam und teamtauglich.

Praxistipp

Rolle, Zuständigkeiten, Sifa

Du führst, priorisierst und hältst den roten Faden. Sicherheit ist Teil der täglichen Arbeit – nicht Zusatz. Die Sifa ist deine fachliche Beratung (kein Weisungsrecht); Betriebsarzt, Vorarbeiter, Sicherheitsbeauftragte, befähigte Personen und Elektrofachkraft ergänzen die Achse. Entscheidungen orientieren sich am STOP-Prinzip: zuerst vermeiden/ersetzen, dann technisch sichern, dann organisatorisch regeln, erst

zuletzt PSA. Ordnung und Sauberkeit, kurze Unterweisungen am Ort der Tätigkeit, gelebte Meldeschleifen (z. B. im ASA) und regelmäßige Kurzbegehungen verankern das im Alltag.

Deine Verantwortung – leicht erklärt: Pflichten ohne Paragrafendschungel

Praxistipp

Pflichtenübertragung in 5 Sätzen

1. Du darfst Aufgaben im Arbeitsschutz schriftlich an zuverlässige und fachkundige Personen übertragen.
2. In der Beauftragung steht klar, wofür die Person zuständig ist, welche Befugnisse sie hat und wie sie im Zweifel handelt (Stopp, Sperren, Freigeben).
3. Die Person kennt die Regeln und den Stand der Technik für „ihr“ Gebiet und hält sich fachlich aktuell.
4. Deine Kontrollpflicht bleibt: Du prüfst stichprobenartig, ob die Aufgaben wahrgenommen werden und Maßnahmen wirken.
5. Beauftragung, Maßnahmen und Kontrollen dokumentierst du schlank – nachvollziehbar statt papierlastig.

Du trägst die Gesamtverantwortung dafür, dass im Bauhof sicher gearbeitet wird – draußen im Einsatz, in der Werkstatt und auf allen Verkehrs- und Lagerflächen. Gesamtverantwortung heißt in der Praxis: Du stellst klare Regeln auf, sorgst für verständliche Zuständigkeiten, entscheidest über passende Schutzmaßnahmen und prüfst regelmäßig, ob diese Maßnahmen wirken. Aufgaben darfst du delegieren, die Kontrolle nicht. Du musst nicht jedes Detail selbst erledigen – aber du organisierst, wer was gut und rechtzeitig macht, und du hältst den roten Faden.

Womit fängst du an? Mit Ordnung im System.

Zuerst die ehrliche Bestandsaufnahme:

- Welche Tätigkeiten macht ihr?
- Wo arbeitet ihr im Freien?

- Welche Maschinen, Fahrzeuge und Gefahrstoffe setzt ihr ein?
- Welche biologischen Kontakte gibt es (Kompost, Abwasser, Tier- und Pflanzenreste)?

Dann übersetzt du das in handfeste Schutzmaßnahmen – in der richtigen Reihenfolge: vermeiden oder ersetzen, technisch sichern, organisatorisch regeln, erst zum Schluss persönliche Schutzausrüstung.

Dieses STOP-Denken ist die Basis deiner Entscheidungen.

Zwei Beispiele:

Staub an stationären Sägen – staubärmeres Verfahren prüfen, wirksame Absaugung direkt an der Quelle, Reinigung ohne Druckluft; Schutzbrille und geeignete Atemmaske nur noch als Restschutz.

Außenarbeit in der Hitze – Schichten vorziehen, Verschattung und Unterstände bereitstellen, Trinkwasser sichern; erst danach kommt der persönliche Sonnenschutz mit Kleidung, Kopfbedeckung, Brille und Creme. So bleiben deine Lösungen wirksam und akzeptiert.

Dokumentation ist kein Ordnerziel, sondern ein Arbeitsmittel. Halte so viel fest, dass ihr im Zweifel zeigen könnt, wie ihr vorgeht – wer entscheidet, was neu ist, bis wann es gilt. Schlank, verständlich, leicht zu finden.

Noch ein Punkt, der unterschätzt wird: Sauberkeit und Ordnung. In vielen Bauhöfen gibt es eine „Ecke der vergessenen Kanister" – alte, unklare Gefahrstoffe, teils ohne Kennzeichnung. Das ist kein Kavaliersdelikt. Was nicht eindeutig identifizierbar ist, gehört fachgerecht entsorgt. Aufgeräumte Arbeitsplätze, beschriftete Lager, klare Wege – das ist gelebter Arbeitsschutz. Und ja: Nicht allen Beschäftigten ist das bewusst. Du musst es sichtbar machen, erklären und nachhalten.

Dein Team für Sicherheit

Die **Fachkraft für Arbeitssicherheit (Sifa)** berät dich fachlich. Sie unterstützt bei Gefährdungsbeurteilungen und Begehungen, hilft bei der Auswahl von Arbeitsmitteln und PSA, baut Unterweisungen praxisnah auf und prüft, ob Maßnahmen greifen. Die Sifa führt niemanden an – Entscheidungen und Weisungen bleiben bei dir.

Der **Betriebsarzt** oder die Betriebsärztin bringt die medizinische Perspektive ein: Vorsorge (z. B. bei Lärm, Vibrationen, Gefahrstoffen, biologischen Arbeitsstoffen und Sonnenexposition), Eignungsthemen, Beratung zu Hitze, Kälte und UV, Impfangebote, praktische Empfehlungen für Winterdienst und Sommerhitze. Sifa und Betriebsarzt sind deine fachliche Achse: Du lässt dich beraten, priorisierst und setzt um.

Sicherheitsbeauftragte sind deine Augen und Ohren in der Fläche. Ab etwa 20 Beschäftigten solltest du sie benennen – am besten bereichsbezogen. Sie haben keine Weisungsbefugnis, erkennen aber Abweichungen früh, achten auf die PSA-Nutzung, sprechen Missstände an und melden zurück. Damit das wirkt, brauchen sie kurze Wege zu dir, feste Sicherheitsrunden und eine Rolle im Arbeitsschutzausschuss. Binde deine Vorarbeiter und Meister klar ein – sie prägen Alltag und Verhalten stärker als jedes Merkblatt.

Hinweis

Worauf es derzeit besonders ankommt

Arbeiten im Freien sind präziser geregelt. Das ist nicht „Wetterglück“, sondern Planung: Hitze, Kälte, UV, Wind und Niederschlag gehören in Einsatzplanung, Gefährdungsbeurteilung und Unterweisung. Schichtfenster anpassen, Verschattung und Aufenthaltsmöglichkeiten schaffen, Trinkwasser bereitstellen, geeignete Schutzkleidung definieren, Stop-Kriterien festlegen und den UV-Index als Tagessteuerung nutzen.

Gefahrstoffe sind geschärft. Beim Bauen im Bestand rückt Asbest stärker in den Fokus. Dazu kommt: Verunsicherung, Angst und Stress rund um Gefahrstoffe gehören in die Bewertung – nicht nur „Messwerte“. Erfasst Stoffe und Tätigkeiten sauber, legt Freigaben/Stop klar fest, unterweist verständlich und haltet die Spur in der Dokumentation.

Biologische Arbeitsstoffe gehören ebenfalls auf den Zettel. Mit wärmeren Jahren verlängern sich Pollenzeiten, neue Pflanzen und Insekten tauchen auf, Abwasser- und Kompostarbeiten bleiben anspruchsvoll. Das heißt: Hygiene (Wechselmöglichkeiten, Händewaschen), staub- und spritzarme Verfahren, passende PSA, klare Wege „sauber/schmutzig". Ergänze bei Bedarf Impfangebote in Absprache mit dem Betriebsarzt und nimm Eichenprozessionsspinner, Ambrosia und invasive Mücken frühzeitig in die Einsatzplanung.

Halte auch dein Fachteam frisch. Von Sifa und Betriebsarzt darfst du erwarten, dass sie fachlich auf dem aktuellen Stand sind – genau wie von dir. Besprecht jährlich, welche Fortbildungen sinnvoll sind, und lass dir zeigen, wie Neuerungen in eure Verfahren und Unterweisungen einfließen. Das ist kein „Misstrauen", sondern professionelles Qualitätsmanagement.

So setzt du deine Verantwortung ohne Umwege um – Schritt für Schritt

1. Rollen klären und sichtbar machen. Auf einer Seite festhalten: Wer ist Sifa? Wer ist Ansprechpartner in der Betriebsarztpraxis? Wer sind Sicherheitsbeauftragte, Vorarbeiter, befähigte Personen für Prüfungen? Kurz notieren, wer entscheidet, wer vorbereitet, wer nachhält. Diese Seite gilt digital und am schwarzen Brett. Ergänze schriftliche Beauftragungen, damit Befugnisse klar sind.
2. Lagebild schaffen. Mit Sifa, Vorarbeitern und Sicherheitsbeauftragten eine Stunde investieren: die drei größten Risiken festlegen – z. B. Außenarbeit bei Hitze/UV, Rangieren im engen Hof, Werkstattarbeit mit Maschinen, Gefahrstofftätigkeiten im Bestand. Die Reihenfolge ist wichtig: Womit fangt ihr an, was folgt als Nächstes?
3. Gefährdungsbeurteilung aktualisieren – pragmatisch. Außenarbeitsplätze (Hitze, Kälte, UV, Wind/Nässe), Verkehrs- und Lagerflächen (Böden, Stolperstellen, Fluchtwege), Werkstatt und Gefahrstoffe (inklusive Asbest-Schnittmengen) gezielt prüfen. Maßnahmen so formulieren, dass jede Person weiß, was sich ändert: Schichtstart vorverlegen, wasserfeste Unterstände einrichten, Verschattung nachrüsten, Wege markieren, Maschinen-

Check vor Schichtbeginn, Handschuhe und Augenschutz für definierte Tätigkeiten verpflichtend. Dazu immer: Verantwortliche und Termine.

4. Unterweisen, damit es wirkt. Wenige, kurze, arbeitsplatznahe Unterweisungen statt Marathon. Frühjahr: UV/Hitze. Herbst: Kälte/Nässe. Laufend: Maschinen, Verkehr, Gefahrstoffe, Biostoffe. Mit echten Beispielen aus eurem Bauhof, mit Bildern vom Originalarbeitsplatz, mit Handgriffen zum Nachmachen. Dokumentation knapp: Thema, Datum, wer unterwiesen hat, Teilnehmende, was neu ist.
5. Qualität der Unterweisung ernst nehmen. Eine gute Unterweisung ist deine Chance, Menschen wirklich zu erreichen. Ein heller, sauberer Raum, ein kurzer Praxisblock, echte Bilder statt Standardfolien – das ist Wertschätzung und macht Inhalte anschlussfähig. Kurze Pausen, Wasser auf dem Tisch, klare Sprache – so bleibt man bei der Sache.
6. Wirksamkeit prüfen. Einmal im Monat eine kurze Begehung mit Sifa und einer sicherheitsbeauftragten Person: Stichproben, ob vereinbarte Maßnahmen umgesetzt sind, ob etwas hakt, ob es Beinaheereignisse gab. Eine kleine Kennzahl hilft (z. B. gemeldete Beinaheereignisse oder Mängel pro Begehung). Zwei bis drei konkrete Nachbesserungen ableiten und im Team kurz weitergeben.
7. Nachschärfen – lebendige Dokumente. Neue Regeln oder Empfehlungen (Außenarbeit, Gefahrstoffe, Unterweisungsformen) frühzeitig prüfen, Maßnahmen anpassen, kurz erklären, ab wann das gilt, Sicherheitsbeauftragte als Multiplikatoren nutzen. Gefährdungsbeurteilungen und Betriebsanweisungen mindestens einmal im Jahr in die Hand nehmen; spätestens nach drei Jahren oder nach Ereignissen (Unfall, Beinaheunfall, neue Technik/Vorschriften) aktualisieren.

Bleib nah an der Realität. Fahr regelmäßig mit raus: Hof, Straße, Park, Friedhof, Schacht, Werkstatt. Frag die Sicherheitsbeauftragten, was draußen wirklich passiert. Dort liegen oft die besten Hinweise – Menschen, Chemikalien, Tiere, Pflanzen, Klima, Verkehr. Wenn du draußen erkennst, was drinnen geplant wurde, stimmt die Richtung. So behältst du die Kontrolle, ohne dich in Details zu verlieren. Deine Mannschaft versteht, was wichtig ist, und du kannst jederzeit zeigen, wie ihr Risiken angeht. Genau das ist deine Verantwortung als Bauhofleitung: Arbeit so zu organisieren, dass Sicherheit selbstverständlich wird – im Einsatz, in der Werkstatt und beim Rangieren auf dem Hof.

Praxistipp

Verantwortung ohne Paragrafendschungel

Du kannst Aufgaben delegieren, aber nie deine Kontrollpflicht. Deine Kernroutine: Bestandsaufnahme, Maßnahmen in STOP-Reihenfolge, schlanke Doku, Vorbild im Alltag. „Ecken der vergessenen Kanister" beseitigst du konsequent; Verantwortlichkeiten hältst du schriftlich fest. Sifa und Betriebsarzt beraten, Sicherheitsbeauftragte melden, Führungskräfte leben es vor. Außenarbeit, Gefahrstoffe (inkl. psychischer Aspekte) und Biostoffe gehören sichtbar in die GBU und Unterweisung. Ziel: verständliche Regeln, nachvollziehbare Entscheidungen, wirksame Umsetzung.

Arbeitsstätten draußen: Kernpunkte der ASR A5.1

Praxistipp

ASR A5.1 – Tagesampel UV

Grün (UV-Index 1–2): Grundschutz reicht – bedeckende Kleidung, Kopfbedeckung, Sonnenbrille; Trinkwasser an der Arbeit.

Gelb (UV-Index 3–5): Schicht früh starten, Schattenpausen, Sonnenschutz regelmäßig erneuern; Stop bei Gewitter.

Orange (UV-Index 6–7): zusätzliche Schattenzeiten, Arbeit auf Vormittag verlegen, Trinkpausen mit Uhrzeit; Tätigkeiten in praller Sonne vermeiden.

Rot (UV-Index ≥ 8): nur unbedingt Notwendiges, kurze Expositionen, strenge Schatten- und Trinkregeln, Tätigkeiten verlegen, wenn möglich.

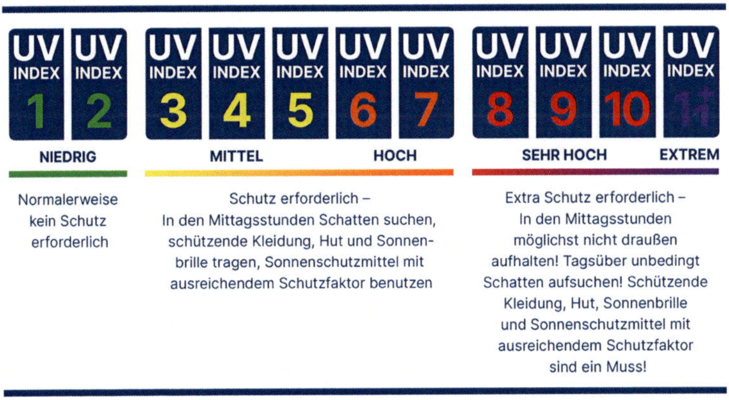

Bild 1: *Schutzmaßnahmen in Abhängigkeit vom UV-Index (Quelle: Bundesamt für Strahlenschutz)*

Sobald du draußen arbeitest – oder an Arbeitsplätzen, die nicht allseitig umbaut sind –, gehört das Wetter zu deinen festen Aufgaben. „Nice to know“ war gestern. Heute planst du Einsätze so, dass Hitze, Kälte, UV-Index, Wind, Regen und Schnee gar nicht erst zum Gesundheitsproblem werden. Die Regel für Arbeit im Freien gibt dir dafür den Rahmen: Du legst Zeitfenster fest, stellst Verschattung und Unterstände bereit, sicherst Trinkwasser und definierst STOP-Kriterien. Das betrifft Kolonnen im Straßen- und Grünbereich genauso wie Außenlager, Umschlagplätze, Recyclinghöfe oder Werkhöfe mit Durchfahrten.

Wichtig ist auch der Blick über den Tellerrand: Arbeitsschutz entwickelt sich laufend weiter. Technische Regeln (TRBS, TRGS, TRBA) werden regelmäßig aktualisiert; Einmalwissen reicht nicht mehr, lebenslanges Lernen ist Pflicht. Und wenn ihr an oder auf öffentlichen Straßen arbeitet, lohnt der Blick in die Regel zu Straßenarbeitsplätzen: Sie hilft dir, Verkehrsrisiken – „angefahren werden“ ist ein reales Thema – systematisch zu beherrschen (Sicherung, Führung, Sichtbarkeit, Einweiser).

Worum geht es im Kern? Erstens um die Einschätzung von Wetter und UV vor Arbeitsbeginn (Tagesvorhersage, UV-Index) plus laufende Beobachtung während des Einsatzes. Zweitens um vorbeugende Planung: Arbeitszeiten verschieben, schattige oder windgeschützte Aufenthaltsmöglichkeiten organisieren, Trinkwasserstellen vorhalten, witterungsgerechte Kleidung und weitere PSA definieren. Drittens um klare Stop-Kriterien: Bei Sturm, Gewitter oder unzumutbarer Hitze/Kälte wird die Arbeit unterbrochen oder verlegt. Und viertens um die Unterweisung – kurz, konkret, am konkreten Außenarbeitsplatz.

UV-Belastung und arbeitsmedizinische Vorsorge

Sonne ist ein zentrales Thema – beruflich bedingter „weißer Hautkrebs“ nimmt seit Jahren zu. Für Tätigkeiten mit intensiver natürlicher UV-Strahlung bietest du arbeitsmedizinische Vorsorge als Angebot an. Ein praxistauglicher Richtwert: regelmäßig mindestens eine Stunde pro Tag im Freien, vor allem zwischen April und September sowie zwischen 10 und 15 Uhr, an rund 50 Tagen im Jahr.

Die ärztliche Beratung klärt persönliches Risiko, Schutz, Hautcheck und sinnvolles Verhalten. Das ist kein „Test“, sondern ein Baustein der Prävention – er gehört in deinen Jahresplan für Außenkolonnen.

Haut- und Handschutz – nicht erst, wenn's brennt

Hautschutz ist nicht nur UV-Schutz. In deinem Bauhof sollten Haut- und Handschutzpläne selbstverständlich sein – bei Gefahrstoffen, beim Reinigen, beim Umgang mit Metall, Holz, Beton oder Schmierstoffen. Drei Bausteine reichen: vor der Arbeit Schutzcreme (barrierestärkend), während der Arbeit geeignete Handschuhe und hautschonende Reinigung, nach der Arbeit Pflegecreme (Regeneration). Dazu die richtige Seife (pH-neutral, frei von überflüssigen Lösungsmitteln) und ausreichend Spender an den „Hotspots“. Erinnere die Mannschaft regelmäßig – ja, auch die Männer: Hautschutz ist Professionalität, keine Kosmetik.

Hitze

Spitzenbelastungen vermeidest du, indem du schwere Tätigkeiten in die kühlen Randzeiten legst (früher starten, Mittagsspitzen meiden), zusätzliche kurze Pausen einplanst und schattige Rückzugsorte mit Trinkwasser sicherstellst. Leichte, luftdurchlässige, bedeckende Kleidung, Kopfschutz mit Nackentuch, Sonnenbrille mit UV-Filter und Sonnenschutzmittel gehören in die Standardausstattung. Unterweise die Warnzeichen (Kopfschmerz, Schwindel, Übelkeit, Verwirrtheit) und lege eine einfache Meldekette fest, wenn jemand ausfällt. Ein betrieblicher Hitzeschutzplan verankert diese Punkte dauerhaft.

Kälte und Nässe

Plane Aufwärmzeiten, stelle Mehrlagenkleidung, wind- und wasserdichte Oberbekleidung sowie geeignete Handschuhe und rutschhemmendes Schuhwerk bereit. Organisiere zugluftfreie, möglichst beheizte Pausenbereiche. Achte auf vereinfachte Handgriffe bei Handschuhpflicht (Werkzeuge passend wählen) und darauf, dass feuchte Kleidung rasch gewechselt werden kann. Nasse Kleidung muss über Nacht richtig trocknen – ggf. braucht ihr pro Person mehr als einen Satz Arbeitskleidung. Bei starker Kälte oder Eiskristallregen kann Arbeiten genauso unzumutbar sein wie bei Hitze – dann verschieben. Bei starkem Wind sind bestimmte Höhenarbeiten tabu; das gehört klar in eure Stop-Regeln.

UV-Strahlung

Nutze den UV-Index aktiv in der Tagesplanung. Ab moderaten Werten gilt: Schatten bevorzugen, Aufenthaltszeit in der prallen Sonne reduzieren, Haut bedecken, Sonnenschutzmittel rechtzeitig und ausreichend auftragen, Augen schützen. Unterweise dein Team kurz und regelmäßig, welche Maßnahme bei welchem UV-Index greift. Das ist verständlich, messbar und sofort umsetzbar.

Wind, Regen, Gewitter

Definiere, was bei euch „zu viel" ist. Für windempfindliche Arbeiten (z. B. mit Hubarbeitsbühnen, großflächigen Bauteilen, Planen) setzt du praxisnahe Einsatzgrenzen – orientiert an Herstellerangaben und Erfahrung. Bei Gewitter wird Arbeit an exponierten Stellen eingestellt; die Mannschaft weiß, wohin sie sich zurückzieht. Rutschige Flächen sicherst du über Entwässerung, Markierung von Laufwegen und geeignetes Schuhwerk.

Klimawandel: längere Saison, neue Risiken

Längere Hitze- und UV-Phasen, neue Pflanzen (z. B. Ambrosia) und wärmeliebende Insekten (z. B. invasive Stechmücken) verändern eure Außenarbeit. In die Gefährdungsbeurteilung gehören deshalb auch Insekten- und Allergie-Risiken: Aufklärung, Repellents nach Betriebsstandard, lange leichte Kleidung, Handlungsplan bei Stichen und allergischen Reaktionen. Pollenintensive Arbeiten lassen sich oft taktisch verlegen; Hotspots wie Eichenprozessionsspinner-Bestände brauchen klare Sperr-, Reinigungs- und Entsorgungsabläufe.

Normgerechte Kleidung und Sichtbarkeit

Achte bei Beschaffung und Einsatz auf geeignete Normen – z. B. Warnkleidung mit hoher Sichtbarkeit (für Arbeiten im Verkehr), Wetterschutzkleidung gegen Regen/Wind, Kälteschutzkleidung für niedrige Temperaturen. Das ist nicht „nice to have", sondern der Standard, an dem sich Prüfer orientieren – und der euren Leuten spürbar hilft.

So setzt du die ASR A5.1 pragmatisch um – Schritt für Schritt

Erstens prüfst du mit deiner Sifa, wo ihr im Freien oder in nicht vollständig umbauten Bereichen arbeitet, und ordnest diese Plätze nach Wetter- und UV-Risiko.

Zweitens legst du je Bereich einfache Maßnahmen fest: Arbeitszeitfenster, Verschattung/Unterstand, Trinkwasser, Kleidung/PSA, Pausen, Stop-Kriterien.

Drittens übst du das im Team an einem typischen Einsatztag durch: Wer schaut morgens auf die Vorhersage, wer checkt den UV-Index, wer entscheidet über Verlegung oder Pause, wohin geht die Kolonne bei Gewitter?

Viertens nimmst du diese Regeln in die Unterweisung auf – knapp, mit zwei, drei Beispielen aus eurem Alltag.

Fünftens kontrollierst du monatlich in einer kurzen Begehung, ob die Maßnahmen funktionieren, und passt an (z. B. zusätzliche Verschattung oder andere Pausenlogik im Hochsommer).

Neu und wichtig: Die Regel für Arbeit im Freien gibt dir Planungssicherheit. Wenn du sie einhältst, kannst du davon ausgehen, dass eure Außenarbeitsplätze den anerkannten Stand der Sicherheit erfüllen. Für dich heißt das: Du hast eine klare, anerkannte Grundlage, um Witterungsschutz verbindlich zu organisieren – vom Schichtbeginn über Schattenplätze und Trinkwasser bis hin zu Stop-Entscheidungen bei Extremwetter.

Das Drittel-Modell der GBU – so vergisst du nichts

Ein Drittel Ressourcen (Zeit, Hilfsmittel, Unterstände, Absaugungen, IT-Sicherheit), ein Drittel Gefahren (Maschinen, Stoffe, Verkehr, Wetter) und ein Drittel Belastungen (körperlich und psychisch). Wenn alle drei beantwortet sind, ist deine Beurteilung vollständig – ohne zu „explodieren".

Praxistipp

Arbeit im Freien nach ASR A5.1

Wetter und UV sind planbare Risiken. Du steuerst mit UV-Index und Vorhersage, legst Schichtfenster fest, stellst Verschattung/Unterstände und Trinkwasser bereit, definierst Stop-Kriterien (Sturm, Gewitter, Extremwerte) und unterweist am Einsatzort. Haut- und Handschutz gehören dazu, ebenso Angebotsvorsorge bei intensiver Sonne. Mit Blick auf Straßenarbeitsplätze beziehst du Sichtbarkeit, Verkehrsführung und Einweiser ein. Ergebnis: planbarer Witterungsschutz statt „Wetterglück".

Gefahrstoffe im Bauhof: Was sich geändert hat

Gefahrstoffe gehören bei dir zum Alltag: Treibstoffe, Öle und Reiniger in der Werkstatt, Pflanzenschutz- und Reinigungsmittel im Betrieb, Stäube und Dämpfe beim Schneiden, Schleifen und Schweißen – und beim Bauen im Bestand immer wieder das Thema Asbest. „Gefahrstoff" bedeutet: Stoffe, Gemische oder Erzeugnisse, die durch ihre physikalisch-chemischen, chemischen oder toxischen Eigenschaften Menschen oder Umwelt gefährden können – etwa entzündlich, ätzend, giftig, sensibilisierend oder krebserzeugend. Diese Stoffe werden nach GHS/CLP eingestuft und gekennzeichnet, damit du sie sicher handhaben kannst.

Was hat sich jüngst verändert? Seit Ende 2024 ist klarer eingefordert, dass du in der Gefährdungsbeurteilung nicht nur Messwerte und Grenzwerte betrachtest, sondern auch die „Kopfsache": Unsicherheit im Bestand (zum Beispiel Asbestverdacht), ungewohnte Gerüche, Reizungen oder fehlende Informationen können Angst und Stress erzeugen. Plane deshalb Schutzmaßnahmen so, dass sie fachlich und emotional Sicherheit geben: klare Informationen vor Beginn, erkennbare Zuständigkeiten, einfache Meldewege, kurze arbeitsplatznahe Unterweisungen.

Asbest – risikobezogen handeln, Freigabe klar regeln

Asbest rückt im Bestand wieder stärker in den Fokus. Neu ist der risikobezogene Ansatz: Du klärst vor Tätigkeitsbeginn, ob Asbest vorkommen kann. Bei Verdacht gilt „erst prüfen, dann arbeiten". Plane Tätigkeiten so, dass möglichst keine Faserfreisetzung entsteht (staubarm, Absaugung, Befeuchtung, kurze Wege, Einhausung). Setze nur sachkundiges Personal ein, überwache die Freisetzung und stoppe bei Anzeichen sofort. Solange alle technischen Regeln noch umgestellt werden, orientierst du dich an der bekannten Asbest-Regel und der Übergangshilfe. Praktisch heißt das: konservativ planen, im Zweifel höhere Schutzstufe wählen und nachvollziehbar dokumentieren, warum du welche Maßnahme gewählt hast. Damit bleibst du handlungsfähig – ohne Grauzonen.

Dein Gefahrstoff-Alltag – die wichtigsten Bauhof-Themen auf einen Blick

Damit du Prioritäten setzen kannst, hier die Stoffe und Tätigkeiten, die auf Bauhöfen besonders oft vorkommen – jeweils mit dem, worauf es ankommt:

Öle, Schmierstoffe, Altöle

Hautschutz und Sauberkeit sind die halbe Miete: geeignete Handschuhe nach Tätigkeit, Hautschutz- und Hautreinigungsplan, Auffangwannen, dicht schließende Gebinde, klare Kennzeichnung. Altöl ist Abfall – getrennt sammeln, nicht „hinten im Eck" stehen lassen. Auslaufen = sofort binden und fachgerecht entsorgen.

Ottokraftstoff und Diesel; Dieselmotoremissionen

Brand- und Explosionsschutz bei Lagerung/Umfüllen (Erdung, Lüftung, Zündquellen fernhalten), verschüttete Mengen sofort aufnehmen. In Hallen Abgase technisch abführen, Laufzeiten minimieren, Fahrwege und Lüftung organisatorisch regeln. Draußen: Standzeiten begrenzen, Abgasfahnen meiden, ggf. sinnvolle Umrüstung auf emissionsärmere Technik einplanen.

Starterbatterien (insbesondere Blei-Säure) und Kühlerflüssigkeiten

Ätz- und Reizgefahr: Schutzbrille, geeignete Handschuhe, Absaugung bei Laden in geschlossenen Räumen, säurefeste Auffangschalen, Augendusche in Reichweite, klare Anweisung für das sichere Nachfüllen und Neutralisieren von Kleinstmengen.

Bitumen, Kaltbitumen, Straßenmarkierungsfarben; Kaltfräsen

Bei erhitzten Produkten: Dämpfe minimieren, Windrichtung beachten, möglichst im Freien verarbeiten, Schutz der unbeteiligten Dritten. Beim Fräsen staubarme Verfahren einsetzen, Absaugung nutzen, Wege kurz halten, bei Bedarf Atemschutz.

Zement und zementhaltige Produkte

Chromatarmes Material verwenden, Staub vermeiden (nass mischen, Absaugung), Schutzhandschuhe und Hautschutzcremes konsequent nutzen. Zement kann die Haut schädigen – Hautschutz vor, während und nach der Arbeit gehört zum Standard.

Künstliche Mineralfasern (KMF) bei Instandhaltung/Isolierung

Staub- und Faserfreisetzung vermeiden, sauber/schmutzig-Wege einrichten, geeignete Kleidung und Atemschutz je nach Tätigkeit, Fasern sofort aufnehmen und sicher verpacken. Keine Trockenreinigung mit Druckluft.

Farben, Lacke, Verdünner; Epoxidharze

Lösemitteldämpfe meiden (Lüftung, Absaugung), Zündquellen fernhalten, geeignete Handschuhe (Material und Durchbruchzeit beachten). Epoxidharze sensibilisieren die Haut: sauberes Arbeiten, Spritzer konsequent vermeiden, Hautschutzplan konsequent umsetzen, Mischplätze festlegen und unterweisen.

Staubbelastete Tätigkeiten (Schneiden, Schleifen, Schweißen)

Direkt an der Quelle absaugen, schweißraucharme Verfahren bevorzugen, Reinigung ohne Aufwirbeln (keine Druckluft). Für krebserzeugende Stäube/Schweißrauche mit Risikokonzept arbeiten: Exposition senken, Technik/Organisation vor PSA.

Straßenwinterdienst und Streustoffe

Salze und Feinstäube möglichst staubarm handhaben, Hautschutz beachten, Lagerfläche gegen Eindringen in Boden/Abwasser sichern, verschüttete Mengen umgehend aufnehmen.

Gefahrstoffe im Außeneinsatz

UV/Hitze als „Gefahrstoff ohne Gebinde“ mitdenken: Schichtfenster, Verschattung, Trinkwasser, Kleidung, Sonnenschutz, Stop-Regeln bei Extremwerten. Witterungsschutz ist fester Teil deiner Gefährdungsbeurteilung.

Lithium-Ionen-Akkus

Nur Originalladegeräte, Laden auf nicht brennbarer Fläche, keine Abdeckung beim Laden, beschädigte/aufgeblähte Akkus sofort aussondern und in einen definierten Quarantänebehälter (nicht im Aufenthaltsbereich). Lagerung so, dass im Fehlerfall keine Brandübertragung möglich ist. Unterweisen, wie Warnzeichen aussehen und wie zu reagieren ist.

„Ecke der vergessenen Kanister" – bitte nicht

Was nicht eindeutig ist, wird entsorgt – fachgerecht. Keine unbeschrifteten Flaschen und Kanister. Sicherheitsdatenblätter griffbereit, Gebinde klar gekennzeichnet, Betriebsanweisungen am Ort der Tätigkeit. Dieser Ordnungsschritt ist oft der schnellste Hebel für mehr Sicherheit.

So setzt du das Ganze pragmatisch um – Schritt für Schritt

1. Lage klären: Erstelle mit deiner Sifa ein Gefahrstoffverzeichnis, das mehr ist als eine Liste: Stoff/Tätigkeit/Ort, GHS-Piktogramme, Grenzwert- oder Risikobezug, Schutzmaßnahmen, Unterweisungsthema, Prüfbedarf. Markiere Hochrisiko-Themen (Asbestverdacht im Bestand, stark staub-/dampfintensive Tätigkeiten).
2. Asbest im Blick: Vor Bestandsarbeiten prüfst du, ob Asbest vorkommen kann. Bei Verdacht gilt „erst prüfen, dann arbeiten": sachkundig klären lassen, staubarme Verfahren festlegen, qualifiziertes Personal einsetzen, Freisetzung minimieren, Reste sicher verpacken und entsorgen. Freigabe und Verantwortlichkeiten schriftlich festhalten.
3. Unterweisungen, die sitzen: Zwei kurze, echte Szenarien wirken besser als jede Folienwüste: Kernbohrung in Altbauwand (Verdacht, Stop-Regel, Freigabe), Tankschlauch kuppeln in der Werkstatt (Zündquellen, Erdung, Leckage). Zeig am Originalarbeitsplatz, woran man die Gefahr erkennt, was sofort zu tun ist

und wen man informiert. Dokumentation: Thema, Datum, Teilnehmende, „Was ist neu?“.

4. Schutzorganisation sichtbar machen: Aushang oder digitale Seite „Wer entscheidet was“: Freigabe Bestandsarbeiten, Ansprechpartner für Messungen, Kontakt zur Betriebsarztpraxis, Meldestelle bei Unsicherheiten. Ergänze eine knappe „Arbeit stoppen, wenn ...“-Regel (unerwartetes verdächtiges Material, ungewöhnlicher Geruch, fehlende Lüftung, defekte Absaugung).
5. Dranbleiben: Monatlich stichprobenartig Maßnahmen und Beinaheereignisse prüfen, Regeln nachschärfen (zum Beispiel zusätzliche Vorabklärung bestimmter Räume, andere PSA-Kombinationen, geänderte Reihenfolge von Arbeitsschritten). Kurz kommunizieren: „Warum – was – ab wann“.

Mit dieser Linie erfüllst du die neuen Anforderungen nicht nur auf dem Papier, sondern so, dass sie draußen funktionieren: Du gibst Orientierung, nimmst Unsicherheiten ernst, setzt Asbest-Risiken kontrolliert und sachkundig um und hältst die Gefährdungsbeurteilung lebendig. Genau das unterscheidet „wir haben eine Mappe“ von „wir arbeiten sicher“.

Praxistipp

Gefahrstoffe pragmatisch managen

Du führst ein belastbares Gefahrstoffverzeichnis verknüpfst GHS-Kennzeichnung, AGW/Risiko, Maßnahmen und Unterweisung. Asbest im Bestand regelst du risikobezogen mit klarem Freigabeweg („erst prüfen, dann arbeiten“) und nutzt die Übergangslinie zur TRGS 519, bis alles umgestellt ist. Neben Asbest bleiben Alltagsthemen präsent: Kraftstoffe/Öle, Abgase, Batterien/Kühlmittel, Bitumen/Markierungen, Zement, KMF, Farben/Lacke/Epoxid, Stäube, Li-Akkus. Psychische Faktoren (Unsicherheit, Gerüche) berücksichtigst du bewusst; Regeln sind kurz, verständlich am Arbeitsplatz erklärt.

Grenzwerte & Risiko (TRGS 900/910): Was das für deine Praxis bedeutet

Im Bauhof bewegst du dich in zwei „Sprachen“, wenn es um Gefahrstoffe in der Atemluft geht. Die erste Sprache ist die Welt der Arbeitsplatzgrenzwerte: Für viele Stoffe gibt es einen achtstündigen Mittelwert, an dem du dich orientierst. Das ist die robuste, praxistaugliche Linie: messen, vergleichen, Maßnahmen setzen – fertig. Die zweite Sprache brauchst du bei krebserzeugenden Stoffen. Hier gibt es oft keinen „sicheren Schwellenwert“. Stattdessen gilt ein risikobezogenes Konzept mit drei Bereichen: niedrig (akzeptabel), mittel (zusätzlicher Handlungsbedarf) und hoch (sofortiges Eingreifen). Für dich heißt das: Zuerst klären, zu welcher Welt dein Stoff gehört – Grenzwertwelt oder Risikowelt – und dann nach dem jeweils strengeren Maßstab handeln. So triffst du belastbare Entscheidungen, auch weil Grenzwert- und Risikolisten laufend fortgeschrieben werden.

Warum das so ernst ist (und oft unterschätzt wird)

Gefahrstoffe „melden“ sich nicht immer laut. Das Totenkopf-Piktogramm nehmen viele ernst – zurecht. Das Gesundheitssymbol (Silhouette mit „Strahlen“ im Brustkorb) wird dagegen häufig unterschätzt. Dabei weisen gerade diese Stoffe auf chronische Risiken hin: sensibilisierend, erbgut- oder fruchtbarkeitsschädigend, krebserzeugend. Häufige Eintrittspforte ist die Haut: transdermale Aufnahme passiert leise, schmerzfrei, ohne Geruch – und kann erst Monate oder Jahre später Folgen zeigen. Gleiches gilt bei biologischen Arbeitsstoffen: Eine Kontamination mit Keimen spürst du nicht sofort; Symptome treten oft erst nach Tagen auf. Kurz: Nicht jedes Risiko riechst, siehst oder hörst du. Umso wichtiger ist ein systematisches Vorgehen.

Grenzwertwelt vs. Risikowelt – kurz und verständlich

Grenzwertwelt: Du vergleichst repräsentative Schichtmesswerte mit dem veröffentlichten Grenzwert. Unterschreitest du ihn sicher und dauerhaft, ist das Ziel erreicht – trotzdem bleibt „so wenig wie vernünftig machbar“ der Maßstab (bessere Absaugung, sauberere Verfahren). Je nach Stoff musst du zusätzlich Kurzzeitspitzen im Blick behalten.

Risikowelt: Für krebserzeugende Stoffe bewertest du nicht mit „ja/nein“, sondern mit Risikobereichen. Unterhalb der Akzeptanzkonzentration gilt ein niedriges, hinnehmbares Risiko. Zwischen Akzeptanz- und Toleranzkonzentration liegt ein mittleres Risiko – du musst zusätzliche Maßnahmen umsetzen und wirksam kontrollieren. Oberhalb der Toleranzkonzentration ist das Risiko hoch – die Tätigkeit wird gestoppt und technisch/organisatorisch umgebaut, bis die Exposition deutlich sinkt. Kurzzeitspitzen werden zusätzlich über einen Überschreitungsfaktor bewertet.

Wenn beides gilt

Bei manchen Stoffen findest du sowohl einen Grenzwert als auch risikobezogene Werte (typisch: bestimmte Metalle, Staubfraktionen). Dann nutzt du beide Werkzeuge: Du hältst den Grenzwert sicher ein und richtest Maßnahmen zusätzlich am Risikobereich aus. Der strengere Maßstab führt. So vermeidest du, „formal okay“ zu sein, aber das Krebsrisiko praktisch nicht genug zu senken.

Messstrategie, die zu Entscheidungen taugt

Für Grenzwerte brauchst du repräsentative Schichtmittelwerte – und, falls vorgesehen, Beurteilung von Kurzzeitspitzen. Für die Risikowelt brauchst du verlässliche Schichtmittelwerte; Spitzen beurteilst du über den Überschreitungsfaktor. Hintergrundbelastungen (z. B. städtische Luft) ziehst du sachgerecht ab, damit du nicht „falsche“ Überschreitungen produzierst. Und: Bei hautgängigen Stoffen reicht reine Luftmessung nicht. Plane hier nach Absprache mit dem Betriebsarzt, ob biomonitorische Untersuchungen (z. B. Urinparameter) sinnvoll sind.

Staub ist nie harmlos – A- und E-Fraktion im Blick

A-Staub (alveolengängig) dringt bis in die Lungenbläschen vor; E-Staub (einatembar) bleibt überwiegend in den oberen Atemwegen. Beides ist relevant. Es gibt keinen „gesunden“ Staub. Feine, kristalline Stäube – etwa quarzhaltig – können zu anerkannten Berufskrankheiten führen (z. B. Silikose). Und: Viele Stäube sind brennbar. Feine, verwirbelte Staub-Luft-Gemische können explosionsfähig sein. Das gehört in die Gefährdungsbeurteilung, auch wenn es im Bauhof „nur kurz staubt". Staubvermeidung an der Quelle, wirksame Absaugung, keine Trockenreinigung mit Druckluft – das sind die wirksamen Hebel.

Recht und Verantwortung – ohne Paragrafen

Verbindliche Grenzwerte sind „No-Go"-Linien. Wer sie reißt, muss handeln – und zwar sofort. Wiederholte oder grob fahrlässige Überschreitungen haben Konsequenzen. Für dich heißt das: Prüfen, ob die Fachkunde reicht. Eine Gefährdungsbeurteilung nach Gefahrstoff- oder Biostoffrecht erfordert Sachkenntnis. Du darfst als Bauhofleitung fast alles organisieren – aber bei Gefahrstoffen und Biostoffen brauchst du fachkundige Unterstützung (Sifa, Betriebsarzt, externe Fachleute), wenn dir die Tiefe fehlt. Zusatzaufsicht gilt für besondere Personengruppen: Jugendliche, Schwangere und Stillende dürfen bestimmten Expositionen gar nicht ausgesetzt werden; hier planst du Tätigkeiten aktiv um.

So setzt du das in deinem Bauhof Schritt für Schritt um – ohne dich zu verzetteln

1. Stoffe und Tätigkeiten sortieren: Teile dein Verzeichnis in zwei Spalten: „AGW-Stoffe" (Grenzwertwelt) und „Risikostoffe" (krebserzeugend). Ergänze zu jeder Tätigkeit die realistische Exposition (Messwert oder qualifizierte Abschätzung), ob Hautaufnahme möglich ist und ob die Aufgabe im Freien stattfindet (UV/Hitze mitdenken).
2. Messen – aber sinnvoll: Für AGW-Stoffe: repräsentative Schichtmessungen, Kurzzeitspitzen prüfen, wenn relevant. Für Risikostoffe: Schichtmittelwerte ermitteln und mit Akzeptanz-/Toleranzbereich abgleichen; Spitzen zusätzlich über den Überschreitungsfaktor bewerten. Hintergrund sinnvoll abziehen. Bei hautgängigen Stoffen biomonitorische Optionen mit dem Betriebsarzt besprechen.
3. Maßnahmen vom Prozess her ableiten (STOP): Erst ersetzen (anderer Stoff, anderes Verfahren), dann technisch einhausen oder absaugen, dann organisatorisch entlasten (Zeit, Abstand, Automatisierung). PSA nur als Brücke oder Restmaßnahme. Für

Risikostoffe oberhalb des Toleranzbereichs gilt: Tätigkeit stoppen, Exposition drastisch reduzieren, Umbau planen – mit konkretem Maßnahmen- und Zeitplan.

4. Doppelte Anforderungen sauber lösen: Wenn ein Stoff Grenzwert und Risikokonzept hat, erfüllst du beides – und lässt den strengeren Maßstab führen. Beispiel: quarzhaltiger A-Staub in der Werkstatt – Absaugung direkt an der Quelle, staubarme Verfahren, ggf. Kabine; Mess- oder Abschätzungskonzept; PSA nur als Restschutz und erst nachweislich wirksamer Technik/Organisation.
5. Dokumentieren, was zählt: Nicht alles, aber das Wesentliche: Stoff, Tätigkeit, Messergebnis/Abschätzung, Einordnung (niedrig/mittel/hoch), getroffene Maßnahmen, Termin zur Wirksamkeitskontrolle. So kannst du jederzeit zeigen, warum ihr wie handelt – und erkennst schneller, wo ihr nachlegen müsst.
6. Dranbleiben: Plane Wiederholungsmessungen (z. B. jährlich oder wenn Prozesse sich ändern). Hole Sicherheitsbeauftragte und Vorarbeiter in kurze Rückmeldeschleifen. Binde den Betriebsarzt ein, wenn Hautaufnahme, UV-Exposition oder besondere Empfindlichkeiten eine Rolle spielen.

H- und P-Sätze – das „Kurzhandbuch" am Gebinde

H-Sätze (Hazard Statements) beschreiben in einem kurzen Satz die Gefahr, die von einem Stoff ausgeht – vom Reizgas bis zum krebserzeugenden Stoff. P-Sätze (Precautionary Statements) sagen dir in Kurzform, wie du sicher handhabst, lagerst und entsorgst – und was im Notfall zu tun ist. Zusammen mit Piktogrammen und Signalwort sind sie dein Schnellkompass am Gebinde und gehören in jede Unterweisung. Mach es konkret: Lass die Leute zwei häufige Gebinde aus eurem Alltag „lesen" und die richtigen Handgriffe benennen.

Ein Wort zu Biostoffen und besonderen Gruppen

Bewerte bei Abwasser, Kompost, Schimmel und Tierkontakt mit denselben Grundsätzen: Exposition erkennen, technische/organisatorische Maßnahmen voranstellen, PSA nur als Restschutz, Hygiene konsequent leben, Impfangebote mit dem Betriebsarzt klären.

Und: Jugendliche sowie Schwangere/Stillende darfst du bestimmten Gefahrstoffen und Biostoffen nicht aussetzen – hier planst du Tätigkeiten konsequent um und unterweist individuell.

Fazit

Wenn du diese Linie fährst, bist du fachlich „auf Kurs“: Bei „normalen“ Gefahrstoffen hältst du Grenzwerte sicher ein; bei krebserzeugenden Stoffen senkst du die Exposition systematisch in den grünen Bereich. Das gibt deinem Team Orientierung, reduziert Diskussionen und sorgt dafür, dass ihr auch bei Kontrollen ruhig bleibt. Langweilig ist das nur auf dem Papier – in der Praxis ist es gelebter Gesundheitsschutz. Ein gutes Gefahrstoffmanagement beginnt mit einem aufgeräumten Verzeichnis, klaren Betriebsanweisungen und Unterweisungen, die zu euren Tätigkeiten passen. Ähnliche Stoffe und gleiche Tätigkeiten darfst du sinnvoll bündeln – solange die Maßnahmen wirklich passen. So bleibt dein System schlank, wirksam und prüffest.

Praxistipp

AGW und Risikokonzept sicher anwenden

Zwei Werkzeuge, ein Ziel: Bei „normalen“ Stoffen hältst du AGW sicher ein; bei krebserzeugenden Stoffen senkst du die Exposition in den akzeptablen Bereich (TRGS 910). Kurzzeitspitzen und Hintergrundbelastungen prüfst du sauber, bei hautgängigen Stoffen ziehst du den Betriebsarzt für Biomonitoring hinzu. A-/E-Staub ist nie harmlos; Staubvermeidung an der Quelle, Absaugung und keine Trockenreinigung sind Standard. Doppelte Anforderungen (AGW und Risiko) löst du mit dem jeweils strengeren Maßstab. Dokumentation bleibt essenziell: Stoff, Tätigkeit, Bewertung, Maßnahme, Wirksamkeitscheck.

Arbeitsmittel/Anlagen & IT-Sicherheit

Du kennst deine Technik: Rolltore, Heizung/Lüftung in der Werkstatt, Kompressoren, Tankanlage mit Füllstandsanzeige, Salzsilo mit Sonar, Pumpen im Regenrückhaltebecken, Torsteuerungen am Recyclinghof, Gaswarnsysteme, Aufzüge, Hubarbeitsbühnen – vieles davon ist heute digital vernetzt oder wird per Laptop/Handy gewartet. Genau hier kommt ein „neues altes" Thema ins Spiel: IT-Sicherheit ist Teil der Anlagensicherheit. Die Regeln dazu findest du bei den sicherheitsrelevanten Mess-, Steuer- Regeleinrichtungen (MSR): TRBS 1115 (MSR-Sicherheit) und TRBS 1115-1 (Cybersicherheit). Übersetzt heißt das: Wo eine Steuerung für Sicherheit sorgt (Not-Aus, Verriegelungen, Füllstand/Druck, Gaswarnung), musst du die digitale Angriffsfläche genauso im Griff haben wie Mechanik und Elektrik.

Was steckt dahinter – in Alltagssprache

Die Anforderung ist simpel: Du hast für deine sicherheitsrelevanten Steuerungen ein Schutzkonzept über den gesamten Lebenszyklus – ab Beschaffung, über Inbetriebnahme und Betrieb bis zu Änderungen und wiederkehrenden Prüfungen.

Dazu gehören drei Bausteine:

- Technik: Geräte ohne Standard-Passwörter, mit Update-Möglichkeit und Protokollierung; getrennte Netze statt „alles auf einem Switch"; Fernwartung nur gesteuert und zeitlich begrenzt.
- Organisation: Rollen- und Rechtevergabe (persönliche Konten statt Sammellogins), klare Freigabeprozesse für externe Zugriffe, ein kurzes Notfall-/Fallback-Konzept („Wer schaltet wie auf Handbetrieb um?").
- Prüfung: IT-Sicherheit wird mitgeprüft – nicht als Extra, sondern zusammen mit der ohnehin fälligen Funktions- bzw. wiederkehrenden Prüfung der Anlage. Änderungen an Hard- oder Software lösen einen Check aus.

Woran erkennst du „sicherheitsrelevante MSR“ bei dir?

Frag dich: „Wenn diese Steuerung ausfällt, manipuliert wird oder falsche Werte liefert – kann das jemanden gefährden?“ Trifft das zu, ist das System sicherheitsrelevant. Typische Kandidaten im Bauhof:

- Not-Stop-Kreise und Verriegelungen an Holzbearbeitung/Metallbearbeitung, Hebezeugen oder Toren.
- Füllstands-/Drucküberwachung an Diesel-, AdBlue- oder Druckluftanlagen.
- Gaswarnanlagen (z. B. CO/NOx in der Fahrzeughalle), Lüftungsfreigaben, Brennersteuerungen.
- Pumpensteuerungen im Regen-/Abwasserbereich, Schachtlüftungen.
- Aufzugs- und Hubarbeitsbühnensteuerungen, deren Freigaben/Notabläufe digital laufen.
- Tankstellen-/Absauganlagen, die per Fernwartung betreut werden.

Praxisbeispiele aus dem Bauhof – so sieht „IT-Sicherheit = Anlagensicherheit“ aus

Beispiel

Beispiel 1: Schiebetor am Werkhof

Das Tor öffnet per Funk und ist an ein kleines Gateway angeschlossen, das der Lieferant per Fernwartung betreut. Maßnahme: Standard-Passwörter abgeschaltet, persönlicher Zugang für den Service mit Zeitfenster-Freigabe; Fernzugang ist standardmäßig zu und wird nur für den Wartungstermin geöffnet; ein manuelles Fallback (Schlüsselschalter) ist erprobt und hängt als Laminat am Torkasten.

Beispiel

Beispiel 2: Salzsilo mit Ultraschall-Füllstandsmessung

Silo misst per 4G-Router in die Cloud. Maßnahme: Router in ein separates „OT-Netz“ mit eigener SIM; starker Zugangscode und regelmäßige Updates; lokales „Minutenskript“: Was tun bei Verbindungsabbruch (Sichtkontrolle, Handmessung, Nachbefüllung erst nach 4-Augen-Check)? Ergebnis: Kein blindes Vertrauen in die Online-Zahl; Manipulationen fallen durch lokalen Abgleich auf.

Beispiel

Beispiel 3: Abgasabsaugung/CO-Warnanlage in der Halle

Die Anlage startet automatisch, wenn CO-Werte steigen. Maßnahme: Prüfprotokolle enthalten jetzt drei Cyber-Punkte: Wer hat Zugriff auf die Steuerung? Wurden Software/Parameter seit der letzten Prüfung geändert (wenn ja: Dokumentation)? Ist die Protokollierung aktiv? Zusätzlich ein „Handbetriebsschema“: Lüftung auf Dauerbetrieb schalten, wenn die Steuerung spinnt – mit Freigabe durch Vorarbeiter.

Beispiel

Beispiel 4: Pumpen im Regenrückhaltebecken

Die Pegelsteuerung wird per Notebook gewartet. Maßnahme: Nur zwei persönliche Wartungsaccounts; Updates und Backups mit Terminplan; eine Offlineliste mit „Minimalparametern“, die man im Notfall wieder einspielen kann; jährliche Probe „Störung simuliert – Handbetrieb auf Schütz“.

Beispiel

Beispiel 5: Tankanlage Diesel/AdBlue

Füllstands- und Leckageüberwachung melden ins Netz. Maßnahme: Netzsegment trennen, keine Verbindung ins Offenen-Gast-WLAN; Fernwartungszugriff nur nach schriftlicher Freigabe mit Start-/Endzeit; lokales Logbuch am Schaltschrank (Datum, Anlass, wer, was, Ergebnis). Ein QR-Code führt zum digitalen Log – so ist die Historie jederzeit greifbar.

So gehst du Schritt für Schritt vor – praxisnah und schlank

1. Bestandsaufnahme („Anlagen-Landkarte"). Notiere alle vernetzten oder per Laptop betreuten Anlagen. Markiere jene, die sicherheitsrelevant sind. Ernenne für jede Anlage einen Anlagenverantwortlichen (Vorarbeiter/Techniker), der die Punkte kennt und im Zweifel entscheidet.
2. Mini-Schutzkonzept je Anlage. Eine halbe Seite reicht: Netz (getrennt/Segment), Zugang (persönliche Konten, starke Passwörter, keine Standard-Passwörter), Updates/Backups (wer, wann), Fernzugriff (nur nach Freigabe, mit Protokoll), Notfall/Fallback (Schrittfolge und Verantwortlicher).
3. Beschaffung „mit Zukunft". In Leistungsbeschreibungen forderst du: updatefähig, Protokollierung, Schnittstellendokumentation, Änderung von Default-Zugangsdaten, benannter Patch-/Wartungsprozess des Lieferanten, Fallback-Möglichkeit (Handbetrieb). Das spart später Ärger.
4. Inbetriebnahme mit Doppel-Check. Neben der technischen Funktion prüfst du die Cyber-Punkte: Default-Passwörter geändert? Fernwartung standardmäßig aus? Logging aktiv? Das Protokoll bleibt kurz: Datum, wer geprüft, was eingestellt.
5. Änderungen und wiederkehrende Prüfungen. Jede Software-/Paramänderung kurz dokumentieren (wer/was/warum) und testen. In die wiederkehrende Prüfung nimmst du eine Mini-Checkliste „Cyber" auf: Zugänge ok, Protokolle vorhanden, Updates/Backups erledigt, Fernwartung geregelt.
6. Unterweisung und Notfall. Bedienende wissen, wie Störungen/Manipulationen aussehen („ungewohnte Meldungen, unlogische Zustände"), wen sie informieren und wie auf Handbetrieb umgeschaltet wird. Eine 5-Minuten-Probe pro Jahr am Gerät reicht, um Sicherheit zu gewinnen.

Typische Fehler – und wie du sie vermeidest

- Ein Netz für alles. Trenne „Büro-IT" und „OT-Anlagen". Kein Tor, kein Gaswarnsystem gehört ins Besucher-WLAN.
- Ein Passwort für alle. Persönliche Konten, starke Kennwörter, Passwortwechsel bei Personalwechsel. Keine Klebezettel am Schaltschrank.

- Dauer-Fernwartung. Fernzugang nur bei Bedarf, mit Start/Ende und Protokoll.
- Kein Fallback. Not-/Handbetrieb muss funktionieren und geübt sein – sonst bleibt er Theorie.
- Keine Änderungen dokumentiert. Wer Parameter ändert, schreibt das kurz auf – so findest du Fehler schneller und bestehst jede Begehung souverän.

Wer hilft dir bei diesem Thema? – hol dir ein kleines Kernteam

- Deine Sifa: übersetzt Anforderungen in praktische Prüf- und Unterweisungspunkte achtet auf den Zusammenhang mit Gefährdungsbeurteilung und wiederkehrenden Prüfungen.
- Kommunale IT/Informationssicherheitsbeauftragte: sorgt für Netztrennung, sichere Router/Firewalls, Passwort-/Patch-Policies, unterstützt bei Fernwartungsfreigaben.
- Anlagenlieferanten/Servicepartner (Tor, Tank, Lüftung, Pumpen, Gaswarnung): liefern Update- und Log-Konzepte, stellen Fallback-Optionen dar, helfen bei Inbetriebnahme-Checks.
- Externe Automatisierer/OT-Security-Fachleute (falls nötig): prüfen Netz-/Sicherheitsdesign, unterstützen bei Segmentierung, härten Schnittstellen.
- Befähigte Personen/Prüfsachkundige: binden die Cyber-Punkte in die wiederkehrenden Prüfungen ein (gemeinsam mit Technik-/Funktionsprüfungen).
- Betriebsarzt (indirekt): Wenn durch Ausfall/Fehlfunktion besondere Gesundheitsgefahren entstehen (z. B. Gaswarnungen), hilft er bei Festlegung von Notfall-/Verhaltensregeln.

Was sich zuletzt bewegt hat – und was du konkret daraus machst

Cybersicherheit ist verbindlicher Teil der Betriebssicherheit für sicherheitsrelevante MSR. Außerdem wurden Prüfregel-Inhalte neu sortiert (zum Beispiel bei Druck/Dampf) und mit der MSR-Sicht verknüpft. Für dich zählt der praktische Effekt: Nimm „Cyber-Punkte" in Abnahme und wiederkehrende Prüfung auf – genau dort, wo du heute schon prüfst. Hänge pro Anlage dein halbes Blatt „Schutzkonzept/Notfall" in den Schaltschrank, führe ein schlankes Logbuch

(Papier oder digital) und übe den Fallback einmal im Jahr. So hältst du eure Anlagensicherheit ganzheitlich stabil – mechanisch, elektrisch und digital.

Praxistipp

Betriebssicherheit trifft IT-Sicherheit

Wo Steuerungen Sicherheit beeinflussen (Not-Aus, Verriegelungen, Füllstand/Druck, Gaswarnung), gehört Cyber-Schutz in die Prüfung: keine Standard-Passwörter, persönliche Zugänge, segmentierte Netze, geregelte Fernwartung, Updates/Backups, Protokolle und ein geübter Fallback in den Handbetrieb. Das gilt von der Beschaffung über die Inbetriebnahme bis zur wiederkehrenden Prüfung. Unterstützen können dich Sifa, kommunale IT/ISB, Anlagenlieferanten, externe OT-Fachleute, befähigte Personen und Prüfsachkundige. Ergebnis: mechanisch, elektrisch und digital gleichermaßen sichere Anlagen.

Absturz vermeiden: Leitern und Gerüste

Absturz ist eines der größten Risiken im Bauhof – beim Baumschnitt, an Fassaden, beim Wechseln von Hallenleuchten oder auf Dächern. Die Unfallzahlen mit Leitern sind hoch, und die Folgen oft schwer. Die gute Nachricht: Über neun von zehn Leiterunfällen haben ihre Ursache in falscher Auswahl oder falscher Nutzung. Das heißt: Mit kluger Planung, dem richtigen Arbeitsmittel und ein paar festen Regeln reduzierst du dein Risiko massiv.

Der Grundsatz, der dich leitet, ist einfach: „Lieber Gerüst oder Bühne als Leiter." Kollektiver Schutz (Geländer, vollständige Beläge, geschützte Zugänge) steht immer vor einer Leiterlösung. Die Leiter bleibt ein Werkzeug für kurze, einfach erreichbare Tätigkeiten – nicht für dauerhafte oder komplizierte Arbeiten. Und wenn eine Leiter als Arbeitsplatz gar nicht zu vermeiden ist, dann nur mit Stufen (oder Plattform), bei geringer Standhöhe und strikten Grenzen für Zeit und Reichweite.

Hinweis

Was sich praktisch geändert hat – und warum das wichtig ist

Professionell eingesetzte Leitern haben heute klare Spielregeln: Als Arbeitsplatz sind Stufenleitern mit mindestens 80 mm tiefen Stufen oder eine Plattform Standard; Sprossenleitern sind nur noch in gut begründeten Ausnahmefällen zulässig. Anlegeleitern ab etwa drei Metern Länge brauchen eine Standverbreiterung. Leitern sind keine Dauerarbeitsplätze: Sie eignen sich für kurzdauernde Tätigkeiten, bei denen andere Lösungen unverhältnismäßig wären. Als Verkehrsweg bleiben Leitern zulässig, aber auch hier gelten Grundanforderungen: sicherer Aufstieg, rund ein Meter Überstand an der Austrittsstelle, sichere Auflage, keine Stolperkanten am Übergang.

So wählst du das richtige Arbeitsmittel – mit Bauhof-Beispielen

- Schildermontage am Mast (2–3 m):

  Podestleiter oder kleine Rollbühne statt Anlegeleiter. Du stehst sicher, hast beide Hände frei und musst dich nicht seitlich hinauslehnen.

- Hallenleuchten wechseln:

  fahrbare Arbeitsbühne, Rollgerüst oder Podestleiter. Keine improvisierten Staplerkörbe, keine Leiter „auf Palette".

- Baumschnitt in der Höhe:

  Hubarbeitsbühne oder professionelles Seil- und Sicherungssystem durch qualifizierte Kräfte. Eine Leiter zwischen Ästen ist kein Arbeitsplatz.

- Dachrinne reinigen:

  Rollgerüst oder Bühne an der Traufe. Anlegeleiter nur für das kurze Erreichen einer gesicherten Arbeitsfläche – nicht, um „meterweise" entlangzuarbeiten.

- Fassadenarbeiten (kleine Reparaturen):

  Gerüstfeld stellen statt „Leiter wandert mit". So vermeidest du seitliches Hinauslehnen und Kippmomente.

Leitern richtig nutzen – die wichtigsten Punkte in Alltagssprache

Wähle die Leiter passend zur Aufgabe (Stufen, Plattform, ausreichende Länge). Stelle sie auf festen, ebenen Untergrund; Stehleitern müssen spreizgesichert einrasten, Anlegeleitern im „sicheren Winkel" stehen (Daumenregel: Füße am Holm – wenn du deine Arme ausstreckst, sollten die Hände die Sprosse erreichen; oder grob 65–75 Grad). Ein Meter Überstand an der Austrittsstelle gibt dir Halt. Beim Steigen: drei Kontaktpunkte, Werkzeug am Körper

(Tasche, Gurt), keine Eimer in der Hand. Beim Arbeiten auf der Leiter: beide Füße auf einer Stufe oder Plattform, Körper im Leiterfeld, kein seitliches Hinauslehnen. Spätestens wenn du merkst, dass du dich „herüberstrecken" willst, brauchst du ein anderes Arbeitsmittel. Vor jeder Benutzung checkst du Zustand und Vollständigkeit (Stufen/Sprossen, Holme, Füße, Verriegelungen); defekte Leitern werden gesperrt und instandgesetzt oder ersetzt. Für die wiederkehrende Prüfung hat sich ein jährlicher Rhythmus bewährt – mit Kennzeichnung (ID, Prüfplakette) und kurzer Dokumentation.

Gerüste professionell – dann läuft's

Gerüste sind dein Standard, sobald die Tätigkeit länger dauert, beide Hände gebraucht werden oder die Reichweite größer ist. Was zählt, ist die Qualität: richtige Gerüstklasse, standsichere Aufstellung, vollständige Beläge, durchgehende Geländer, gesicherte Zugänge. Änderungen und Umbauten nur durch Befugte. Nutzende müssen wissen, was erlaubt ist: keine unzulässigen Auflastungen, keine Belagslücken „mal eben" überbrücken, Mängel sofort melden und sperren lassen. Hältst du diese Linie, bist du auf der sicheren Seite.

PSA gegen Absturz – nur als Restmaßnahme, dann aber richtig

Absturz-PSA (Auffanggurt, Verbindungsmittel, mitlaufendes Auffanggerät, Falldämpfer) gehört zur höchsten Kategorie persönlicher Schutzausrüstung. Sie ersetzt niemals kollektiven Schutz, sondern schließt Lücken, wenn es anders nicht geht (zum Beispiel temporäre Anschlagmöglichkeiten an besonderen Orten). Dann gilt: praxisnahe Unterweisung mit Übung, passende Größen und Komponenten, klare Rettungsplanung (wer alarmiert wen, wie kommt die Person sicher herunter?), definierte Prüf- und Ablegefristen durch sachkundige Personen. Niemand steigt mit Gurt „zum ersten Mal" in eine Sicherung – Handgriffe müssen sitzen.

Wer hilft dir – und wofür?

- Sifa: wählt mit dir das richtige Arbeitsmittel, legt Unterweisungsinhalte fest, entwickelt die Leiter- und Gerüstregeln und baut die Prüfplanung auf.

- Befähigte Person Leitern/Gerüste: führt die wiederkehrenden Prüfungen durch, dokumentiert Mängel, sperrt unsichere Mittel.
- Qualifizierter Gerüstbauer/Servicepartner: plant und stellt Gerüste, gibt frei, nimmt Änderungen vor.
- Ausbilder für Absturz-PSA/Hubarbeitsbühnen: schult deine Leute praktisch, inklusive Rettungsübungen.
- Betriebsarzt: berät bei Eignungs- und Vorsorgethemen (z. B. Schwindel, Medikamente, Arbeiten in Hitze/Kälte), unterstützt bei Nachsorge nach Ereignissen.

So setzt du Absturzschutz im Alltag um – Schritt für Schritt

1. Arbeitsmittelwahl nach Risiko. Erst Gerüst oder Bühne, nur wenn das nicht sinnvoll geht, eine Leiter – und dann ausschließlich für kurze, einfache Tätigkeiten. Deine Begründung hältst du knapp fest.
2. Saubere Leiterregeln. Stufen statt Sprossen für Standarbeiten, sicherer Winkel, drei Kontaktpunkte, Werkzeugaufnahme am Körper, keine Übergreifweiten. Sichtkontrolle vor jeder Nutzung, wiederkehrende Prüfung (in der Regel jährlich) – mit ID und Prüfplakette.
3. Gerüstnutzung professionell. Nur freigegebene Gerüste betreten, Änderungen nur durch Fachkundige, Mängel sofort melden und sperren. Unterweisung kurz und praxisnah am aufgebauten Gerüst.
4. PSA gegen Absturz als Ausnahme. Nur wenn kollektiver Schutz nicht geht – dann mit Praxisunterweisung, Rettungsplan und dokumentierten Prüf-/Ablegefristen.
5. Nachhalten. In Monatsbegehungen nimmst du „Arbeiten in der Höhe“ auf: Sind Leiterregeln erkennbar? Stimmen Gerüstzustände? Liegen PSA-Protokolle vor? Was muss gesperrt, ersetzt, geschult werden?

Noch zwei Hinweise, die oft übersehen werden

Erstens: Leitern sind Transportgut. Viele Schäden entstehen beim Werfen oder falschen Lagern. Lagere Leitern hängend oder auf Auflagen, nicht auf den Holmen am Boden; sichere Transport und Verladung gegen Durchscheuern.

Zweitens: Alleinarbeit in der Höhe ist heikel. Selbst mit Leiter oder Gurt gehört eine zweite Person in Rufweite, wenn das Restrisiko nicht anders zu beherrschen ist.

Wenn du diese Linie fährst, bekommst du Absturzrisiken zuverlässig in den Griff: Du wählst das richtige Arbeitsmittel, setzt Leitern nur dort ein, wo sie wirklich passen, hältst Gerüste in Schuss und sorgst dafür, dass Menschen mit Absturz-PSA nicht nur ausgerüstet, sondern handlungssicher sind – inklusive Rettung im Hinterkopf. Das spart Unfälle und Diskussionen und gibt dir in jeder Begehung eine klare, belastbare Geschichte.

Praxistipp

Leitern, Gerüste, Absturz-PSA

„Gerüst/Bühne vor Leiter" bleibt die Leitlinie. Leitern sind kurzzeitige Lösungen mit Stufen/Plattform, sicherem Winkel, drei Kontaktpunkten und geringer Standhöhe; Prüfung und Kennzeichnung sind Pflicht. Gerüste nutzt du nur freigegeben und vollständig (Beläge, Geländer, Zugänge). PSA gegen Absturz ist Restmaßnahme: praktische Unterweisung, passende Größen/Komponenten, dokumentierte Prüf- und Ablegefristen sowie ein Rettungsplan sind unverhandelbar. Monatsbegehungen decken Lücken auf; sperren ist besser als improvisieren.

Dein 30-Tage-Plan: „Grundlagen auf Stand bringen“

Ziel in vier Wochen: Die Basis steht – prüffest, alltagstauglich, ohne Papierfriedhof. Du arbeitest in Etappen mit klaren Ergebnissen, die am Ende jeweils auf einer Seite greifbar sind. Wichtig ist die Haltung dahinter: Arbeitsschutz wird nicht an einem Tag perfekt, sondern jedes Jahr ein Stück besser. Und Arbeitsschutz ist mehr als Helm und Handschuh: Maschinensicherheit, Brandschutz, Erste Hilfe, Gesundheitsschutz (körperlich und psychisch), Ergonomie, Raumklima, Arbeitszeiten, Nachtarbeit, Jugendarbeitsschutz, Schutz für Schwangere und für Beschäftigte mit Behinderung. Oberstes Ziel bleibt immer gleich: Niemand kommt zu Schaden, niemand erkrankt langfristig durch die Arbeit.

Tage 1–3: Rollen und Termine fix machen

Du benennst die Sicherheits-Achse und schreibst sie sichtbar auf: Sifa, Betriebsarzt oder Betriebsärztin, Sicherheitsbeauftragte je Bereich oder Standort, befähigte Personen für eure wichtigsten Arbeitsmittel und Anlagen (zum Beispiel Leitern und Gerüste, Krane, Druckluft, Elektro), Elektrofachkraft, Vorarbeiter und Meister. Dazu die Betreuungsform nach DGUV Vorschrift 2 (Modell, Stunden, Kontaktdaten) und ein wiederkehrender Takt: ASA-Runde mit Sifa, Betriebsarzt, Vorarbeitern, Elektrofachkraft und Personal- oder Betriebsrat in KW 7, 20, 33 und 46. Leg eine kurze Stop-Regel fest: Wer stoppt bei Gefahr, wen ruft man an, wenn etwas unklar ist. Ergebnis: eine Seite „Wer macht was – und wann sprechen wir?“.

Tage 4–7: Gefährdungsbeurteilung straffen – an neue Regeln andocken

Du startest mit drei Kernbereichen: Außenarbeitsplätze (Wetter, UV, Wind, Hitze, Kälte), Werkstatt, Verkehrs- und Lagerflächen. Pro Bereich ergänzt du die aktuellen Anforderungen, etwa UV-Index-Logik, Verschattung und Unterstände, sichere Böden und Entwässerung, Flucht- und Erste-Hilfe-Themen, Maschinenchecks vor Schichtbeginn. Jede Maßnahme bekommt Verantwortliche und Terminziel. Ergebnis: je Bereich eine Seite „Maßnahmen und Termine“, verständlich für alle.

Tage 8–12: Gefahrstoff-Inventur plus AGW- und Risiko-Check, Biostoffe gleich mitdenken

Du erstellst ein Gefahrstoffverzeichnis, das mehr ist als eine Liste: Stoff, Tätigkeit, Ort, Piktogramme, AGW oder Risikobereich, Schutzmaßnahmen, Unterweisungsthema, Prüfbedarf. Typische Themen: Kraftstoffe und Öle, Reiniger und Lösemittel, Klebe- und Dichtstoffe (inklusive Diisocyanate), Schweißen, Schneiden, Schleifen (Staub und Dämpfe), Farben und Lacke, zementhaltige Stoffe, Bitumen und Markierungen, Lithium-Ionen-Akkus, Asbestverdacht im Bestand. Parallel erfasst du Biostoff-Tätigkeiten (Abfall, Kompost, Schimmel, Vogelkot, Abwasser) mit einfachen Grundmaßnahmen: Hygiene, Wechselzonen, staub- und spritzarmes Arbeiten, passende PSA, Impfangebote mit dem Betriebsarzt. Ergebnis: eine Seite „Gefahrstoffe“ und eine Seite „Biostoffe-Basismatrix“.

Tage 13–16: Bestandsstoffe sicher beurteilen – Asbest und andere klassische Schadstoffe

Du definierst einen Freigabeprozess für Bestandsarbeiten: Erst prüfen, dann arbeiten. Vor Bohren, Fräsen oder Schlitzen in älteren Bauteilen klärst du Asbest-, KMF-, PCB-, PAK-, Lindan-, DDT-, Schimmel- oder Tierkot-Risiken. Bei Verdacht: fachkundig klären lassen, staubarme Verfahren festlegen (Absaugung, Befeuchtung, Einhausung, kurze Wege), qualifiziertes Personal einsetzen, Reste sicher verpacken und entsorgen, Stop bei Auffälligkeiten. Ergebnis: eine Seite „Freigabe Bestand – wer entscheidet was, Schutzstufe, Dokumentation“.

Tage 17–19: Maschinensicherheit, LOTO und Brandschutz verankern

Du stellst die Maschinensicherheit auf einen Nenner: Nullenergie (freischalten, sichern, prüfen), Schutzeinrichtungen intakt, Not-Halt funktionsfähig, Werkzeugfreigabe geklärt. Für Eingriffe legst du ein kurzes LOTO-Schema fest (wer sperrt, wie wird geprüft). Im Brandschutz benennst du Brandschutzhelfer in ausreichender Zahl, planst praktische Löschübungen und prüfst Löscher, Brandlasten und Fluchtwege. Ergebnis: eine Seite „Maschine und LOTO" und eine Seite „Brandschutz – Helfer, Übungen, Checks".

Hinweis

LOTO – das 7-Schritte-Schema zur Nullenergie

Eingriffe an Maschinen/Anlagen nur bei Nullenergie. Das LOTO-Schema sichert das ab:

1. Abschalten (Hauptschalter/Medienzufuhr).
2. Trennen (elektrisch, pneumatisch, hydraulisch, mechanisch).
3. Sichern (persönliches Schloss + Tag/Anhänger).
4. Restenergien abbauen (Druck, Bewegung, gespeicherte Energie).
5. „Auf Null prüfen" (Funktionsversuch/Prüfhandgriff).
6. Arbeiten (nur freigegeben, Schutzorgane unangetastet).
7. Entsperren/Probelauf nur durch die Person, die gesichert hat.

Toolbox: „LOTO in 60 Sekunden" regelmäßig trainieren; keine Ausnahme für „kurze" Eingriffe. Kopple LOTO mit Werkzeugfreigabe, Not-Halt-Test und Reinigungsverbot mit Druckluft – so wird Maschinensicherheit im Alltag wirksam.

<u>LOTO – Nullenergie vor jedem Eingriff</u>

Vor Wartung/Instandsetzung werden alle Energien sicher getrennt: Lockout/Tagout (LOTO) heißt abschalten – trennen – sichern (persönliches Schloss/Anhänger) – Restenergie abbauen – auf „Null" prüfen – arbeiten – entfernen nur durch die Person, die gesichert hat – Probelauf. Nur so ist Nullenergie gewährleistet. Praxis: 60-Sekunden-Sequenz am Originalgerät üben; keine Arbeit ohne erfolgreichen Null-Test.

Tage 20–22: Erste Hilfe und arbeitsmedizinische Vorsorge auf Stand

Du sicherst Erste Hilfe: Aushänge, Notruf, Ersthelfer-Präsenz von mindestens zehn Prozent bezogen auf die anwesenden Personen, Fortbildung alle zwei Jahre, Verbandmaterial und, wo nötig, Erste-Hilfe-Raum, Augenduschen an kritischen Plätzen. In der arbeitsmedizinischen Vorsorge trennst du sauber: Pflicht (z. B. bestimmte Gefahrstoffe oder Atemschutz), Angebot (z. B. UV-Exposition im Freien, Lärm und Vibration, Biostoffe), Wunsch (immer möglich). Du vereinbarst mit dem Betriebsarzt einen Jahresfahrplan und dokumentierst Teilnahmen ohne Befunde. Ergebnis: eine Seite „Erste Hilfe – wer, wo, was“ und eine Seite „Vorsorge – Pflicht, Angebot, Wunsch und Rhythmus“.

Tage 23–25: Unterweisungsjahr planen – kurz, nah dran, wirksam

Du planst wenige, kurze, arbeitsplatznahe Unterweisungen, verteilt über das Jahr: Frühjahr UV und Hitze, Herbst Kälte und Nässe, laufend Maschinen, Verkehr, Leitern und Gerüste, Gefahrstoffe und Asbest-Sensibilisierung, Biostoffe und Hygiene, Diisocyanate-Schulungspflicht. Jede Einheit hat ein konkretes Lernziel, einen Mini-Praxisblock (zeigen, nachmachen, korrigieren) und eine schlanke Dokumentation (Thema, Datum, Leiter, Teilnehmende, was ist neu). Ergebnis: eine Seite „Unterweisungsjahresplan“.

Tage 26–27: Prüfpflichten und befähigte Personen ordnen

Du erstellst eine Prüfmatrix für Arbeitsmittel und Anlagen: Was wird vor Inbetriebnahme, wiederkehrend oder nach Änderung geprüft? Wer darf das (befähigte Person, Elektrofachkraft, externe Prüfstelle)? Welche Fristen gelten? Für Elektro führst du eine eigene Liste (ortsveränderliche Geräte, ortsfeste Geräte, Anlagen), inklusive Messwert-Dokumentation. Ergebnis: eine Seite „Prüfmatrix und Fristen“ plus Kennzeichnungssystem mit ID und Plakette, damit vor Ort erkennbar ist, was geprüft wurde.

Tag 28: IT-Sicherheit an Anlagen andocken

Du ergänzt an vernetzten oder per Laptop gewarteten Anlagen eine halbe Seite je Anlage: Netztrennung (kein Besucher-WLAN), persönliche Zugänge statt Sammellogins, keine Standard-Passwörter, Updates und Backups terminiert, Fernwartung nur nach Freigabe und protokolliert, Fallback (Handbetrieb, Notablauf) beschrieben und einmal jährlich geprobt. Das Blatt kommt in den Schaltschrank.

Tag 29: Wirksamkeits-Check – klein, aber ehrlich

Du gehst deine neuen Einseiter durch: Rollenbild, drei GBU-Seiten, Gefahrstoff- und Biostoff-Seite, Freigabe Bestand, Maschine und LOTO, Brandschutz, Erste Hilfe, Vorsorgeplan, Unterweisungsjahresplan, Prüfmatrix, IT-Anlagenblätter. Pro Blatt stellst du dir drei Fragen: Ist klar, wer es macht? Ab wann gilt es? Wie messen wir Wirkung (zum Beispiel Beinaheereignisse, Mängel pro Begehung, eingehaltene Hitzepausen, genutzter UV-Index)? Wo ein Fragezeichen bleibt, ergänzt du eine Mini-Maßnahme.

Tag 30: Team-Info – kurz, offen, wertschätzend

Du stellst der Mannschaft vor, was neu ist und warum. Kein langer Vortrag, sondern zehn bis fünfzehn Minuten mit drei Botschaften: Was ändert sich konkret am Arbeitsplatz, wo hängen die neuen Einseiter, wie geben wir Rückmeldung. Dazu ein ehrliches Angebot: Wenn euch etwas nicht rund läuft, sagt es – wir passen an. Dann verteilst du die ASA-Termine und die Toolbox-Minuten (zum Beispiel Montag früh im Sommer UV und Hitze, bei Sturmwarnung Stop-Regeln).

Wartungsmodus ab Woche fünf

Einmal im Monat die 15-Minuten-Begehung mit Vorarbeiter: Fluchtwege frei, Unterweisungsinhalte sichtbar, UV-Maßnahmen gelebt, Maschine und LOTO plausibel. Einmal im Quartal die große Runde im ASA. Nach Ereignissen wie Beinaheunfall, neuer Maschine, neuer Baustellenlage oder neuer Vorschrift passt du sofort die betroffenen Einseiter an. Lebendige Dokumente statt Leitz-Ordner-Museum.

Mit diesem 30-Tage-Plan machst du den Bauhof spürbar stabiler: Rollen klar, GBU schlank und aktuell, Gefahrstoffe und Biostoffe im Griff, Unterweisungen wirksam, Erste Hilfe und Vorsorge verlässlich organisiert, Prüfpflichten sauber, IT-Sicherheit an der Anlage mitgedacht. Vor allem aber: Du gibst deinem Team Orientierung – und das ist der stärkste Unfallschutz von allen.

Praxistipp

30 Tage zur stabilen Basis

Einseiter statt Ordner: Rollenbild, drei GBU-Blätter (Außenarbeit, Werkstatt, Verkehr/Lager), Gefahrstoffe und Biostoffe, Freigabe Bestand, Maschine/LOTO, Brandschutz, Erste Hilfe, Vorsorgeplan, Unterweisungsjahresplan, Prüfmatrix, IT-Schutzblätter. Danach in den Wartungsmodus: monatliche Kurzbegehung, ASA-Quartal, sofortige Anpassung nach Ereignissen oder Änderungen. Mit dieser Routine wächst ihr jedes Jahr ein Stück – pragmatisch, prüffest und wirksam im Alltag.

Unterweisung & Unterrichtung

Unterweisen, damit es wirkt: Warum, wie oft, für wen

Unterweisungen sind dein stärkstes Werkzeug im Alltag. Sie sorgen dafür, dass jede und jeder weiß, was zu tun ist, warum es so sein muss und wie man im Zweifel richtig reagiert. Durchführen darfst du sie selbst oder du beauftragst fach- und sachkundige Personen aus deinem Team. Dazu zählen z. B. Vorarbeiterinnen, Meister oder andere erfahrene Beschäftigte, die den Arbeitsplatz, die Geräte und die typischen Fehlerquellen wirklich kennen und erklären können. Sifa und Betriebsarzt unterstützen dich bei Vorbereitung, Inhalten und einzelnen Spezialthemen; bei Bedarf kannst du auch externe Trainer einsetzen. Wichtig bleibt: Die Verantwortung, dass die Unterweisung fachlich passt, verstanden wird und dokumentiert ist, liegt immer bei dir.

Worauf kommt es beim Unterweisenden an? Drei Dinge: Fachkenntnis (Gefahren und Schutzmaßnahmen am konkreten Arbeitsplatz kennen), Sachkenntnis (Abläufe, Geräte, Betriebsanweisungen, Gefährdungsbeurteilungen aus der Praxis beherrschen) und Didaktik (in klarer Sprache erklären, zeigen, machen lassen, Rückfragen aufnehmen). Keine Monologe und keine Folienorgien – lieber kurz, nah dran und mit Praxis. Die goldene Regel: weniger Vortrag, mehr Anfassen, Vormachen und Nachmachen.

Wann und wie oft? Vor Aufnahme jeder Tätigkeit. Zusätzlich mindestens jährlich für alle. Und immer dann, wenn sich etwas ändert: neue oder geänderte Arbeitsmittel, neue Verfahren oder Stoffe, neue Baustellenbedingungen, ein Beinaheunfall, längere Abwesenheit, saisonale Themen (Hitze/UV im Sommer, Kälte/Nässe im Herbst/Winter). Auch sicherheitsrelevante Software-Updates an Maschinen sind ein Auslöser: Wenn sich Bedienlogik, Grenzwerte oder Schutzfunktionen ändern, gehört das in eine anlassbezogene Kurzunterweisung. Jugendliche unterweist du häufiger (halbjährlich). Für Schwangere oder Stillende prüfst du sofort den Arbeitsplatz, legst Maßnahmen fest und unterweist individuell. Beschäftigte mit Behinderung berücksichtigst du mit barrierearmen Unterlagen (klare Bilder, einfache Sprache), ausreichender Zeit und, wenn nötig, Unterstützungspersonen. Wer wenig Deutsch spricht, erhält die Inhalte in verständlicher Sprache oder zweisprachig – Hauptsache: verstanden.

Wie baust du eine Unterweisung, die hängen bleibt? Beginne immer bei der Aufgabe: „Was genau machen wir jetzt hier?" Leite von dort zu den Gefährdungen aus eurer Gefährdungsbeurteilung über und zeige anschließend die Schutzmaßnahmen – erst vermeiden/ersetzen, dann technisch sichern, dann organisatorisch regeln, erst zum Schluss PSA. Dann kommt der wichtigste Teil: zeigen – machen lassen – korrigieren. Beispiele aus dem Bauhof-Alltag wirken am besten: PSA richtig anlegen, Leiter korrekt aufstellen, Not-Stop sicher testen, Diesel/AdBlue umfüllen ohne Zündquelle, UV-Schutz nach UV-Index auswählen. Am Ende prüfst du in zwei, drei Fragen oder mit einer Mini-Aufgabe, ob alles verstanden wurde. Dokumentiert wird schlank: Thema, Datum, wer unterwiesen hat, Teilnehmende, was neu ist. Fertig.

Digital unterweisen – ja, aber richtig. Elektronische Formate sind eine gute Ergänzung, wenn sie interaktiv sind, Rückfragen zulassen und eure Arbeitsplätze abbilden. Kein reines „Klicken bis zum Zertifikat": Verhindere Vorspulen, baue anspruchsvolle Verständnisfragen ein und kombiniere mit einem kurzen Vor-Ort-Teil, in dem ihr Handgriffe übt und offene Punkte klärt. Nachweisbar ist es, wenn am Ende feststeht, wer teilgenommen hat, welche Inhalte verstanden wurden und was praktisch geübt wurde.

Unterweisung ist auch Kultur. Ein heller Raum, Trinkwasser auf dem Tisch, echte Fotos aus eurem Bauhof und eine wertschätzende Ansprache: Das ist kein „nice to have", sondern fördert Aufmerksamkeit und Aufnahme. Setze auf Dialog statt Monolog. Bitte erfahrene Kolleginnen und Kollegen, echte Beinahe-Ereignisse kurz zu erzählen und die richtige Lösung zu zeigen. So wird aus Pflicht gelebte Praxis.

Sonderfälle kurz und klar

- Jugendliche: halbjährlich und besonders praxisnah unterweisen; einfache Sprache, kurze Einheiten, mehr Vormachen/Nachmachen.
- Schwangere/Stillende: sofortige Einzelprüfung des Arbeitsplatzes, Maßnahmen festlegen, direkte Unterweisung auf die konkrete Tätigkeit zugeschnitten; Aufgaben so planen, dass Risiken ausgeschlossen sind.
- Beschäftigte mit Behinderung: barrierefreie Materialien (Bilder, klare Schrift, ggf. Audio/Video), genug Zeit und, falls sinnvoll, Unterstützungspersonen einbinden.
- Fremdfirmen/Leihkräfte: vor dem ersten Einsatz betriebsspezifisch unterweisen (Wege, PSA, Meldeketten, Stop-Regeln) und die Verständlichkeit sicherstellen.

Schritt für Schritt in deinem Bauhof

1. Plane im Jahreskalender feste, kurze Unterweisungsfenster (Frühjahr: UV/Hitze; Herbst: Kälte/Nässe; laufend: Maschinen, Verkehrsflächen, Leitern/Gerüste, Gefahrstoffe und Biostoffe).
2. Verknüpfe jede Unterweisung mit der passenden Gefährdungsbeurteilung und, wenn nötig, mit der Betriebsanweisung; unterweise möglichst am Ort der Arbeit.
3. Lege pro Termin ein konkretes Lernziel fest („Nach zehn Minuten kann jede Person das Gerät sicher an- und abstellen").
4. Baue eine kurze Praxisübung ein und kläre zwei, drei Verständnisfragen; lass Ergebnisse von Teilnehmenden zeigen.
5. Dokumentiere schlank und prüfe nach einigen Wochen stichprobenartig im Alltag, ob die Inhalte umgesetzt werden; wenn nicht, nachschärfen.

Wenn du diese Linie fährst, erfüllst du die Pflicht nicht nur formal, sondern erreichst die Mannschaft wirklich: kurz, verständlich, nützlich. Und du hast mit wenig Aufwand alles parat, falls jemand fragt: „Wie unterweist ihr eigentlich?"

Praxistipp

Unterweisen, damit es wirkt: Warum, wie oft, für wen

Unterweisung und Unterrichtung der Mitarbeiter sind Pflicht und Philosophie zugleich: Du machst Arbeitssicherheit zu einem festen Teil eurer Unternehmenskultur – nicht zum Extra. Unterweisung ist Voraussetzung für sicheres Arbeiten: Sie klärt Gefahren, befähigt zu richtigem Handeln, weckt Verständnis für Regeln und stärkt die Eigenverantwortung für Gesundheit. Qualitätsansprüche: arbeitsplatzspezifische Inhalte, einfache Sprache, Rückfragen immer möglich, Praxisanteil statt Folien. Unterweisungspflichten umfassen Erstunterweisung (vor Tätigkeitsaufnahme), Einzelunterweisungen (bei neuen Aufgaben, Maschinen, Stoffen, Software-Updates) und Wiederholungsunterweisungen (mindestens jährlich, bei Jugendlichen mindestens halbjährlich). Rechte und Pflichten der Beschäftigten werden klar benannt: Regeln einhalten, Mängel melden, Schutzmittel nutzen; Führungskräfte leben dies vor. Die Maßnahmenhierarchie (vermeiden/ersetzen, technisch, organisatorisch, PSA) ist Leitfaden jeder Unterweisung. Aushangpflichten (z. B. Erste Hilfe, Fluchtwege, Betriebsanweisungen) flankieren die Unterweisungen, ersetzen sie aber nicht. Ergebnis: Unterweisung als gelebte Führungsaufgabe – kurz, praxisnah, nachvollziehbar.

Wer wird wann unterwiesen?

Unterweisen heißt: Du erklärst vor Beginn einer Aufgabe, wie sie sicher erledigt wird, übst die Handgriffe kurz ein und frischt das Wissen regelmäßig auf. Die Taktung kommt nicht vom Kalender, sondern vom Risiko der Tätigkeit. Als Unterkante gilt trotzdem: mindestens einmal pro Jahr für alle – und zusätzlich immer dann, wenn sich etwas ändert. „Änderung" beginnt früher als viele denken: neue oder geänderte Maschine, sicherheitsrelevantes Software-Update, neuer Stoff, neue Baustellenlage, geänderter Ablauf, ein Beinaheunfall, längere Auszeit einzelner Beschäftigter oder saisonale Belastungen (UV/Hitze, Kälte/Nässe).

Wer darf unterweisen? Du selbst, wenn du fachlich und didaktisch fit bist; geeignete Vorgesetzte aus deinem Team (Vorarbeiter, Meister), die den Arbeitsplatz wirklich kennen; Sifa und Betriebsarzt für Spezialthemen; bei Bedarf externe Trainer. Was immer bleibt: Die Verantwortung liegt bei dir – Inhalt, Verständlichkeit, Dokumentation.

Besondere Gruppen bekommen besondere Aufmerksamkeit. Jugendliche unterweist du mindestens halbjährlich, kurz und praxisnah, mit viel Vormachen und Nachmachen. Für Schwangere und Stillende prüfst du sofort den konkreten Arbeitsplatz, legst Maßnahmen fest und unterweist individuell. Beschäftigte mit Behinderung berücksichtigst du mit barrierearmen Unterlagen (klare Bilder, einfache Sprache), ausreichend Zeit und, falls nötig, einer Unterstützungsperson. Leihkräfte, Praktikanten und Fremdfirmen unterweist du vor dem ersten Einsatz betriebsspezifisch: Wege, PSA, Meldeketten, Stop-Regeln, Ansprechpartner – am besten direkt am Ort der Arbeit. Wenn Sprache ein Thema ist, nutzt du zweisprachige Kurzblätter oder Bild-BA: Hauptsache, es wird verstanden.

Außenarbeit: Wetter und UV gehören ins Pflichtprogramm. In die Erstunterweisung und saisonal in die Auffrischung nimmst du die Punkte auf, die im Freien entscheiden: wie ihr den UV-Index nutzt, ab wann Schichtfenster gelten (früher starten/Spitzen meiden), wo Verschattung und Unterstände sind, wie Trinkwasser bereitsteht, welche Kleidung und welcher Haut-/Augenschutz gelten, wann Arbeiten verschoben werden (Sturm, Gewitter, Extremwerte). Im Winter denkst du an Aufwärmzeiten, trockene Wechselkleidung, rutschhemmende Schuhe und sichere Verkehrswege; beziehe dabei auch die Regeln zur manuellen Handhabung von Lasten ein: Schneelasten schieben, statt heben; wenn heben, dann mit Partner, Kommandos klären und Hilfsmittel einsetzen.

Biostoffe: In Parks, am Recyclinghof, bei Kompost, Abfall, Schimmel, Vogelkot oder Abwasser hast du regelmäßig Kontakt zu biologischen Arbeitsstoffen. Unterweise vor Aufnahme der Tätigkeit über Hygiene (Händewaschen, Wechsel- und Duschmöglichkeiten, saubere/schmutzige Wege), passende PSA je Tätigkeit (Hand-, Augen-/Gesichts- und Atemschutz), staub- und spritzarmes Arbeiten und sichere Entsorgung. Mach daraus praktische Übungen: Das Ausziehen kontaminierter Handschuhe ohne Berührung der Außenseite übt ihr mit Wasserfarbe oder gefärbtem Desinfektionsmittel – man sieht sofort, wo noch „Kontamination“ landet. Nutze hier das STOP-Prinzip als roten Faden: erst vermeiden/ersetzen (zum Beispiel saugende Hilfsmittel statt „Wegblasen“), dann technisch sichern (Einhausung, Absaugung), organisatorisch regeln (Wege, Reihenfolge, Freigaben), erst am Ende PSA – und die richtig an- und ablegen.

Manuelle Handhabung von Lasten: Unterweise vor dem ersten Einsatz in rückenschonenden Techniken, in der Nutzung von Hilfsmitteln (Rollwagen, Karren, Hebehilfen), in Teamarbeit (gemeinsam heben – Kommandos klären) und in kurzen Pausen-/Wechselrhythmen. Mach deutlich: „Heldentaten“ über Gewichtsgrenzen sind kein Beweis für Stärke, sondern ein Rezept für Ausfälle. In der Auffrischung reicht oft eine zehnminütige Praxis-Sequenz am Originalarbeitsplatz: reale Lasten, reale Wege, echte Alternativen.

Gefahrstoffe – die neuen Akzente: Neben Technik und Grenzwerten beachtest du die „Kopfsache“. Unsicherheit, Angst und Stress im Umgang mit Stoffen gehören angesprochen – sachlich und entlastend, mit klaren Abläufen. Unterweise die Basics sichtbar am Gebinde: Piktogramme, Signalwort, H-/P-Sätze, Schutzmaßnahmen, Notfall. Für krebserzeugende Stoffe erklärst du das risikobezogene

Vorgehen in Alltagssprache: Exposition so weit runter, bis sie in den akzeptablen Bereich fällt; Spitzen im Griff haben; bei Überschreitung sofort handeln. Bei Bestandsarbeiten sprichst du Asbest ausdrücklich an: Verdacht erkennen, Arbeiten stoppen, „erst prüfen, dann arbeiten“, staubarm planen. Für diisocyanathaltige Produkte gehört der Schulungsnachweis in die Unterweisung; bei Lithium-Ionen-Akkus: sichere Lagerung/Ladung, Erkennungszeichen für Schäden, Quarantänebehälter.

So machst du die Unterweisung wirksam – Schritt für Schritt

1. Zielgruppen festlegen: Stammteam, Jugendliche, Außenkolonnen, Werkstatt, Reinigung/Abfall, Grünpflege, Kanal/Abwasser, Leih-/Fremdpersonal. Jede Gruppe bekommt ihre arbeitsplatznahe Unterweisung vor Start – am besten dort, wo gearbeitet wird.
2. Anlässe definieren: vor Tätigkeitsaufnahme; jährlich; zusätzlich bei Änderungen (neue Arbeitsmittel/Verfahren/Stoffe, sicherheitsrelevantes Software-Update), nach Unfällen/Beinaheereignissen, bei Saisonwechseln (Sommer: UV/Hitze; Herbst/Winter: Kälte/Nässe).
3. Inhalte koppeln: Außenarbeit → Wetter/UV/Stop-Regeln; Biostoffe → Hygiene/PSA/Entsorgung; Lasten → Technik/Hilfsmittel/Teamarbeit; Gefahrstoffe → sichere Handhabung, Etiketten/Betriebsanweisung, Notfall, psychische Aspekte. Für Jugendliche kürzere Intervalle; für besondere Bedürfnisse barrierearm.
4. Kurz üben und nachfragen: Jede Unterweisung braucht Mini-Praxis (UV-Schutz richtig wählen, rückenschonend heben, Leckage melden, Handschuhe sauber ausziehen, Asbest-Verdacht stoppen) und zwei, drei Verständnisfragen.
5. Digital richtig nutzen: Interaktiv, kein Vorspulen, anspruchsvolle Fragen; danach ein Vor-Ort-Teil für Handgriffe. Teilnahme, Verständnis und geübte Praxis kurz festhalten.
6. Schlank dokumentieren: Thema, Datum, wer unterwiesen hat, Teilnehmende, was neu ist. Nach einigen Wochen stichprobenartig prüfen, ob die Inhalte im Alltag ankommen – wenn nicht, nachschärfen.

Merksatz für deinen Alltag: Weniger Folien, mehr Praxis. Unterweisung ist die Bühne, auf der du Verhalten änderst. Je näher du an der echten Arbeit bist, je mehr die Leute zeigen und nachfragen können, desto größer der Effekt – bei Sonne, Regen, Biostoffen, Lasten und Gefahrstoffen.

Praxistipp

Wer wird wann unterwiesen? Zielgruppen, Anlässe, besondere Vorschriften

Unterwiesen wird risikoorientiert: vor Beginn jeder Aufgabe, mindestens jährlich für alle und zusätzlich bei Änderungen (neue/umgerüstete Arbeitsmittel, neue Stoffe/Verfahren, neue Baustellenlage, Beinaheunfall, längere Auszeit, Saisonwechsel). Zielgruppen sind Stammteam, Außenkolonnen, Werkstatt, Reinigung/Abfall, Grünpflege, Kanal/Abwasser, Leihkräfte, Fremdfirmen und Praktikanten. Besondere Unterweisungspflichten gelten für Jugendliche (häufiger und besonders praxisnah) sowie für Schwangere/Stillende (sofortige Einzelprüfung und individuelle Unterweisung); hier greifen spezielle Vorschriften (z. B. Jugendarbeitsschutz, Mutterschutz). Für Außenarbeit kommen Wetter/UV-Regeln und Lastenhandhabung dazu; bei Bio-Exposition Hygiene, Wechselzonen und staub-/spritzarme Verfahren; bei Gefahrstoffen neben Technik/Organisation auch die „Kopfsache“ (Unsicherheit, Gerüche) und – bei krebserzeugenden Stoffen – das risikobezogene Vorgehen. Gelegenheiten für Unterweisungen nutzt du bewusst: Schichtbeginn (Toolbox), nach einem Ereignis, vor Saisonumstellungen. So bleibt Unterweisung bedarfsorientiert und wirksam – statt kalendergetrieben.

Formate, die wirken

Die beste Unterweisung ist die, nach der deine Leute wissen, was sie tun, warum es so sein muss und wie sie im Zweifel richtig reagieren. Dafür nutzt du drei Formate im Mix: Präsenz, Toolbox und digitale Bausteine. Entscheidend ist nicht das Medium, sondern ob Rückfragen möglich sind, ob der Bezug zu euren Tätigkeiten stimmt und ob du die Inhalte nachvollziehbar dokumentierst – datenschutzkonform.

Was bedeutet Toolbox im Bauhofalltag?
Toolbox ist eine kurze, stehende Besprechung direkt am Einsatzort, fünf bis zehn Minuten vor Arbeitsbeginn. Inhalte sind tages- und ortsbezogen: besondere Risiken auf der heutigen Strecke, UV-Index und Hitzeregeln, beengte Verkehrsflächen, Anschlagen einer Last, Biostoffe bei Kompost oder Abwasser, neue Absperrlogik an einer Straße. Du zeigst am Objekt, klärst zwei, drei Fragen und legst fest, was heute gilt. Wichtig: Das ist keine „kleine Schulung", sondern die wirksame Erinnerung an das Wesentliche – nah am Arbeitsplatz, ohne Beamer, mit klarem Auftrag. Beispiel: „Heute UV-Index 7, Start eine Stunde früher, Wasserstelle am Fahrzeug, Schattenpausen an Punkt A, Stop bei Gewitterwarnung."

„So nutzt du es im Alltag"

Toolbox-Minuten sind deine Schaltzentrale am Tagesstart. Sie sind keine „kleinen Schulungen", sondern kurze, wirksame Erinnerungen mit Praxis: Wetter/UV, Gewitter-Stopp, Leiter-3-Kontaktpunkte, Handschuhe richtig ausziehen, Kickback vermeiden, Diesel/Abgas in Hallen, Staub ohne Druckluft, Freimessen-3-Fragen, LOTO in 60 Sekunden, Ladungssicherung in 5 Punkten. Durchführen am Ort der Arbeit, mit Handgriff-Demo und zwei Rückfragen. Dokumentation: Thema, Datum, Teilnehmende, „Was ist heute neu?".

Wann Präsenz unverzichtbar ist

Sobald Handgriffe zu üben sind, führt kein Weg an der Präsenz vorbei. Du erklärst kurz, machst vor, lässt nachmachen und beobachtest. Typische Bauhof-Themen: PSA richtig anlegen, Leiter korrekt aufstellen, Not-Halt an der Holzmaschine testen, sicheres Umfüllen von Diesel oder AdBlue, rückenschonend heben und schieben, Handschuhe kontaminationsfrei ausziehen (gute Übung mit Wasserfarbe). Präsenz bedeutet auch: Missverständnisse erkennst du sofort und korrigierst sie.

Digital und Blended – sinnvoll kombiniert

Digitale Unterweisungen sind erlaubt, wenn sie die Anforderungen an Wirksamkeit erfüllen: arbeitsplatzspezifische Inhalte, echte Möglichkeit zum Austausch und eine kurze Verständniskontrolle. Bewährt hat sich Blended Learning: kurze digitale Vorbereitung (z. B. ein Drei-Minuten-Video zu UV/Hitze oder „sicher tanken"), danach am Arbeitsplatz eine Sieben-Minuten-Sequenz mit Praxis und Rückfragen. Reines „Durchklicken" ohne Austausch ersetzt keine wirksame Unterweisung, vor allem nicht bei höherem Risiko.

Was eine Unterweisung rechtssicher und wirksam macht

Arbeitsplatzbezug: Beispiele, Fotos, Betriebsanweisungen und Gefährdungsbeurteilungen müssen zu euren Maschinen, Stoffen und Wegen passen.

Rückfragen: Unklares sofort klären – live oder per Chat/Video mit einer verantwortlichen Person.

Praxisanteil: Zeigen, üben, beobachten – besonders bei Maschinen, PSA, Lasten, Gefahrstoffen und Biostoffen.

Verständnisprüfung: Zwei, drei gezielte Fragen oder eine Mini-Aufgabe (z. B. UV-Maßnahmen am heutigen Tag auswählen).

Dokumentation: knapp und prüffest – Thema, Datum, wer unterwiesen hat, Teilnehmende, was sich ändert. Keine Romanform nötig.

Praxistipp

Digitale Unterweisung DGUV-konform – so geht's in der Praxis

Arbeitsplatzspezifisch: Inhalte kommen aus euren eigenen GBU und BA, nicht aus einem generischen Baukasten.

Identität und Teilnahme: persönliche Logins statt Gruppenaccounts; kein Vorspulen; Lernzeit wird plausibel erfasst.

Verständnischeck: Am Ende ein kurzer Test oder eine Aufgabenstellung mit Rückmeldung; bei Praxis-Themen folgt ein Vor-Ort-Check.

Austausch: eine einfache Rückkanal-Regel – z. B. „Fragen via Chat an Vorarbeiter X, Rückruf innerhalb der Schicht" oder ein kurzer Live-Termin.

Doku: Teilnahme, Test-Ergebnis bzw. Praxis-Check, Kernaussagen „Was ist neu". Ablage nachvollziehbar und vor Veränderungen geschützt.

Datenschutzkonform unterweisen – ohne Bürokratiebremsen

Daten sparsam halten: Erhebe nur, was du brauchst (Name, Einheit, Thema, Ergebnis). Keine unnötigen Bewegungs- oder Leistungsprofile.

Rechte und Rollen: Zugriff nur für berechtigte Personen (z. B. Führungskraft, Sifa); kein Teilen in offenen Gruppen.

Aufbewahren mit Maß: So lange, wie es für Nachweis und den nächsten Zyklus sinnvoll ist – nicht „für immer".

Transparenz: Beschäftigte wissen, welche Daten zu welchem Zweck gespeichert werden, wie lange und wer Zugriff hat.

Auftragsverarbeitung klären: Bei Cloud-Lösungen Vertrag mit dem Anbieter, Serverstandort und Sicherheitsniveau prüfen.

Mediennutzung: Wenn Fotos/Videos mit Personen, dann nur mit Einwilligung oder so aufnehmen, dass niemand identifizierbar ist (Rückenansicht, Unschärfe).

So wählst du das richtige Format – Schritt für Schritt

Erstens Tätigkeit: Müssen Handgriffe sitzen (z. B. Anschlagen von Lasten, Handschuhe sauber ausziehen, Not-Halt)? Dann Präsenz/Toolbox. Reines Wissen auffrischen? Digital plus kurzer Austausch reicht.

Zweitens Risiko: Je höher das Risiko (Absturz, Gefahrstoffe, Biostoffe), desto mehr Praxis und Beobachtung.

Drittens Ort: Unterweise, wenn möglich, dort, wo gearbeitet wird – Maschine, Stoffe, Wege liegen vor dir.

Viertens Mix planen: Kurze digitale Vorbereitung, dann Vor-Ort-Check und Mini-Übung. Das spart Zeit und sichert den Transfer.

Fünftens festhalten: Dokumentiere schlank – und bei Änderungen (neues Arbeitsmittel, neue Baustelle, Beinaheunfall) sofort eine anlassbezogene Kurzunterweisung nachschieben.

Typische Fehler – und wie du sie vermeidest

- Alte Folien ohne Bezug zu euren Maschinen und Stoffen. Besser: echte Fotos aus eurem Bauhof.
- E-Learning ohne Fragen. Besser: Austauschkanal plus Kurztest und ein Vor-Ort-Praxisteil.
- Keine Praxis bei riskanten Tätigkeiten. Besser: fünf Minuten zeigen – machen lassen – korrigieren.
- Doku ohne Aussagekraft. Besser: „Was ist neu, wer war da, wer hat unterwiesen" – fertig.

Wenn du so vorgehst, nutzt du jedes Format dort, wo es die größte Wirkung hat: Präsenz für Können, Toolbox für den Tagesfokus, digital für Vorbereitung und Auffrischung. Ergebnis: kurze, verständliche Unterweisungen, die im Alltag tragen – mit Nachweisen, die rechtlich sicher und datenschutzkonform sind.

Praxistipp

Formate, die wirken: Präsenz, Toolbox, digital – rechtssicher und datenschutzkonform

Drei Unterweisungsarten bilden deinen Werkzeugkasten: Präsenz (wenn Handgriffe zu üben sind), Toolbox am Einsatzort (5–10 Minuten, tages- und ortsbezogen) und digital/blended (vorbereiten/auffrischen, nie als reines „Durchklicken"). Rechtssicher sind digitale Formate nur, wenn sie arbeitsplatzspezifisch sind, Rückfragen zulassen, eine kurze Verständnisprüfung enthalten und nachvollziehbar dokumentiert werden; Identität, Integrität und Aufbewahrung der Daten regelst du datenschutzkonform (persönliche Logins, keine Sammelaccounts, Protokollierung, begrenzte Zugriffsrechte). Auswahl und Ansprache der Teilnehmenden, Methodenmix (zeigen, machen lassen, korrigieren), passende Medien/Materialien (eigene Fotos/BA/GBU) und gute räumliche Bedingungen sichern Qualität. Präsenz für Können, Toolbox für den Tagesfokus, digital für Vorbereitung/Auffrischung – so passt das Format zur Gefährdung und zum Ziel.

Dokumentation: So hältst du Unterweisungen prüffest

Dokumentation ist kein Selbstzweck, sondern dein Beleg dafür, dass du geführt, erklärt, geübt und nachgesteuert hast. Prüferinnen und Prüfer wollen am Ende nur drei Dinge nachvollziehen können: Wer wurde wann wozu unterwiesen, was war neu oder besonders wichtig, und wo ist erkennbar, dass die Inhalte wirklich angekommen sind. Die Form ist frei – Papier oder elektronisch –, solange die Unterlagen eindeutig, vollständig und im Zweifel unveränderbar sind.

Wie sieht „prüffest" in der Praxis aus? Ein sauberer Eintrag enthält immer Thema, Datum, Namen der Teilnehmenden, die Person, die unterwiesen hat, und den Kerninhalt mit dem Hinweis „was neu ist". Für Praxis-Themen notierst du kurz, was geübt wurde (z. B. „Leiter richtig aufstellen und sichern; Handschuhe kontaminationsfrei ausziehen; Not-Halt an der Kreissäge getestet"). Mehr braucht es nicht – aber weniger auch nicht.

Elektronische Nachweise funktionieren zuverlässig, wenn drei Punkte sitzen. Erstens die eindeutige Zuordnung zur Person: persönliche Logins statt Sammel-Accounts, keine Sammelbestätigungen. Zweitens ein kurzer Wirksamkeitscheck: Rückfragen, Mini-Quiz oder dokumentierte Mini-Übung zeigen, dass verstanden wurde. Drittens eine revisionssichere Ablage: Protokollierung von Änderungen (Version, Zeitstempel, wer hat was geändert), klarer Speicherort, gesicherter Zugriff. Eine handschriftliche Unterschrift ist nicht zwingend, wenn Identität, Integrität und Zuordnung anderweitig gesichert sind (z. B. persönliche Bestätigung am Ende der digitalen Einheit plus Praxis-Check vor Ort).

Wichtig ist, dass deine Doku zum Arbeitsplatz passt. Reine Selbstlern-Pakete ohne Austausch, ohne Praxis und ohne Bezug zu euren Maschinen, Stoffen und Wegen sind keine Unterweisung. In der Doku muss erkennbar sein, dass es einen echten Austausch gab (Fragen, Hinweise, Korrekturen) und die für euch relevanten Inhalte behandelt wurden. Logos, Software-Namen oder bunte Zertifikate beeindrucken niemanden – die Nachvollziehbarkeit tut es.

So richtest du deine Unterweisungsdokumentation ein – Schritt für Schritt

1. Vorlage festlegen
   Eine schlanke, einheitliche Vorlage spart Zeit und Nerven: Thema, Datum, wer hat unterwiesen, wer war dabei, was ist neu, Praxisanteil. Fülle sie immer direkt im Anschluss aus – nicht „am Ende der Woche".
2. Kanal wählen
   Papierliste mit Unterschrift oder elektronischer Nachweis mit persönlichem Login und Bestätigung – beides ist möglich. Wichtig ist die eindeutige Zuordnung zur Person und die sichere Ablage.
3. Wirksamkeitsnachweis integrieren
   Plane pro Unterweisung eine Mini-Übung oder zwei, drei Verständnisfragen. Digital kann das ein kurzer Test sein; bei Praxisthemen ergänzt du vor Ort eine Zeile „Handgriff geübt – ok". So verbindest du Wirkung und Nachweis.
4. Ablage regeln
   Lege fest, wo die Nachweise zentral liegen: versioniert, zugriffsgeschützt, mit Änderungsprotokoll. Bei digitalen Lösungen dokumentierst du, wer lesen und wer ändern darf. Keine verstreuten Ordner, keine „Schuhkarton-Ablage".
5. Anlassbezogene Ergänzungen festhalten
   Neue Maschine, stoffliche Änderung, sicherheitsrelevantes Software-Update, Beinaheereignis: Du dokumentierst eine kurze Zusatzunterweisung mit Datum, Anlass und Schwerpunkt. Das zeigt, dass du aktuell steuerst – nicht nur „einmal jährlich".
6. Aufbewahrungsdauer pragmatisch festlegen
   Es gibt keine starre, allgemeingültige Frist. Bewährt hat sich: mindestens bis zur nächsten planmäßigen Unterweisung plus einen Prüfzyklus; bei risikoreichen Tätigkeiten länger. Entscheidend ist, dass du nach einem Ereignis zeigen kannst, wer wann wozu unterwiesen wurde und wie du nachgesteuert hast.

Dokumentation: So hältst du Unterweisungen prüffest

Unterweisungsnachweis (Muster)

Unternehmen/Bereich: ________________________________

Thema der Unterweisung: ________________________________

Datum/Ort: ________________________________

Unterweisende Person (Name/Funktion): ____________________

Bezug

☐ Gefährdungsbeurteilung (GBU) Abschnitt: ______________

☐ Betriebsanweisung (BA) Nr.: ____________________

☐ Regel/Vorschrift: ________________________________

Schwerpunkt/„Was ist neu?"

____

Praxis geübt

☐ Handgriff(e) geübt: ________________________________

☐ erfolgreich/ok

☐ Nachschulung nötig

____

Verständnischeck

Kurzfragen oder Mini-Aufgabe: ____________________________

Ergebnis: ☐ verstanden ☐ Nachschulung nötig

____

Follow-up/Toolbox-Termin

Datum: __________ Thema: ____________________________

Teilnehmende

Name Einheit Unterschrift/Bestätigung

____

Bemerkungen/Nachsteuerung

____

Unterschrift Unterweisende Person: ____________________

Doku kompakt – zwei Einseiter

Unterweisungsnachweis „Wer schreibt, der bleibt“

Pflichtfelder: Thema – Datum – Unterweisende Person – Teilnehmende – Was ist neu? – Praxis geübt: ja/nein – Rückfragen geklärt: ja/nein – Folge-Toolbox am: …

Digital: persönlicher Login, kurzer Verständnischeck, Vor-Ort-Praxis ergänzen, revisionssichere Ablage (Version, Zeitstempel) – zwei Einseiter

Unterweisungsnachweis „Wer schreibt, der bleibt“

Pflichtfelder: Thema – Datum – Unterweisende Person – Teilnehmende – Was ist neu? – Praxis geübt: ja/nein – Rückfragen geklärt: ja/nein – Folge-Toolbox am: … Digital: persönlicher Login, kurzer Verständnischeck, Vor-Ort-Praxis ergänzen, revisionssichere Ablage (Version, Zeitstempel).

„Daten sparsam“ – Datenschutz bei digitaler Unterweisung

Nur erheben, was nötig ist (Name, Einheit, Thema, Ergebnis). Zugriff nur für Berechtigte. Aufbewahrung: bis zur nächsten planmäßigen Unterweisung plus einen Prüfzyklus (bei Hochrisiko länger). Fotos/Videos nur mit Einwilligung oder nicht identifizierbar.

Praxisbeispiele für den Eintrag

Beispiel

Beispiel Außenarbeit/UV

Thema: UV-Index, Schichtfenster, Verschattung, Trinkwasser, Stop-Regeln bei Gewitter

Neu: UV-Index in die Tagesplanung aufgenommen, zusätzliche Schattenpause um 12:00

Praxis: Sonnenschutz richtig anwenden, Kopfbedeckung/Brille geprüft

Teilnehmende: …

Unterweisung durch: …

Beispiel

Beispiel Werkstatt/Maschine

Thema: Tischkreissäge – Absaugung, Schutzhaube, Not-Halt, Reinigungsverbot mit Druckluft

Neu: geänderte Reihenfolge beim Werkzeugwechsel, neue Absaugvorgaben

Praxis: Not-Halt getestet, Haube geprüft, Probeschnitt unter Aufsicht

Teilnehmende: …

Unterweisung durch: …

Beispiel

Beispiel Gefahrstoff/Diisocyanat

Thema: sicher umfüllen, Etikett lesen (Piktogramme, H-/P-Sätze), Schulungsnachweis prüfen

Neu: neue Kartuschen mit anderer Viskosität, neue Handschuhe nach Durchbruchzeit

Praxis: Handschuhe kontaminationsfrei ausziehen, Leckage melden

Teilnehmende: …

Unterweisung durch: …

Datenschutz nicht vergessen

Erhebe nur, was nötig ist: Name, Einheit, Thema, Datum, Ergebnis. Begrenze Zugriffe auf berechtigte Personen (Führungskraft, Sifa) und lege fest, wie lange die Nachweise aufbewahrt werden. Wenn du Fotos oder Videos nutzt, achte darauf, dass Personen entweder einverstanden sind oder nicht identifizierbar gezeigt werden (z. B.

Rückenansicht). Bei Cloud-Lösungen klärst du vertraglich, wie Daten verarbeitet und geschützt werden.

Typische Stolperfallen – und wie du sie vermeidest

- Sammel-Login oder Listen ohne Klarheit, wer wirklich teilgenommen hat. Lösung: persönliche Zuordnung.
- Reines E-Learning ohne Fragen, ohne Praxis, ohne Bezug. Lösung: Austauschkanal, kurzer Test, Vor-Ort-Übung.
- Doku ohne Aussagekraft („Unterweisung durchgeführt"). Lösung: Immer „was ist neu" und Praxisanteil angeben.
- Ablage im Nirgendwo. Lösung: zentraler Speicherort, Versionierung, Protokollierung.

Kurz gesagt: Prüffest ist, was nachvollziehbar, personen- und arbeitsplatzbezogen, wirksam und fälschungssicher abgelegt ist. Richte deine Unterweisungsdokumentation genau danach aus – dann bist du sicher aufgestellt und ersparst dir Diskussionen.

Praxistipp

Dokumentation: Wer schreibt, der bleibt

Unterweisungen richtig dokumentieren heißt: kurz, eindeutig, revisionssicher. Deine Vorlage enthält immer Thema, Datum, Unterweisende Person, Teilnehmende, „was ist neu" und – bei Praxisthemen – den geübten Handgriff. Papier oder elektronisch ist egal; wichtig sind persönliche Zuordnung, Wirksamkeitsnachweis (Rückfragen/Mini-Übung/Test) und eine zentrale, versionierte Ablage. Plane die Dokumentation von Anfang an: Wer erfasst, wo wird gespeichert, wer darf lesen/ändern, wie lange wird aufbewahrt (mindestens bis zur nächsten planmäßigen Unterweisung plus einen Prüfzyklus, bei Hochrisiko länger). Praxisbezug in der Doku ist Pflicht: Prüferinnen und Prüfer wollen sehen, dass die Inhalte zum Arbeitsplatz passen und dass über reines Selbststudium hinaus Austausch und Praxis stattfanden. So vermeidest du Diskussionen – und kannst nach Ereignissen zeigen, wie du nachgesteuert hast.

Pflichtschulung REACH (Diisocyanate)

Wenn bei euch PU-Schäume, Kleb- und Dichtstoffe, Beschichtungen oder Gießharze mit freien Diisocyanaten eingesetzt werden, gilt eine klare Pflicht: Alle, die diese Produkte industriell oder gewerblich verwenden oder die Verwendung anleiten, müssen vor der Tätigkeit geschult sein. Die Übergangsfrist endete am 24.08.2023 – ohne Schulungsnachweis darf nicht gearbeitet werden. Maßgeblich ist die Schwelle 0,1 % Diisocyanat im Produkt. Betroffen sind nicht nur die „Verarbeiter“ an der Kartusche oder am Rührer, sondern auch Vorarbeiter und Meister, die anweisen, und – wenn praktisch beteiligt – Instandhaltung oder Reinigung.

Warum das so ernst ist: Diisocyanate sind starke Atemwegs- und Hautsensibilisierer. Schon geringe Expositionen können zu Asthma, chronischen Atemproblemen oder schweren Hautreaktionen führen – oft nicht sofort, sondern nach wiederholtem Kontakt. Hautkontakt ist besonders tückisch, weil man ihn ohne Brennen oder Geruch gar nicht bemerkt. Wer einmal sensibilisiert ist, reagiert oft dauerhaft. Das Ziel der Schulung ist deshalb nicht nur „Pflicht abhaken“, sondern Exposition verlässlich vermeiden.

So funktioniert das Stufenmodell in der Praxis

Die Schulung richtet sich nach der tatsächlichen Exposition, nicht nach dem Produktnamen.

- Stufe „Allgemein“: Arbeiten in geschlossenen Systemen oder mit sehr geringer Exposition (z. B. Kartusche in Vorrichtung, keine offenen Oberflächen, kühle Verarbeitung).
- Stufe „Aufbau“: offene Handhabung, höhere Temperaturen, größere Flächen, gelegentliches Mischen von Hand.
- Stufe „Fortgeschritten“: hohe Freisetzung, typischerweise Sprühen, Heißarbeiten, großflächiges Rollen ohne Absaugung, Arbeiten in engen Räumen.

Inhalte, die jede Schulung abdeckt

Gefährdungen und typische Symptome, sichere Arbeitsweisen, technische und organisatorische Maßnahmen (z. B. Absaugung, Temperaturführung, Flächen begrenzen, Lüften), persönliche Schutzmaßnahmen, Erste Hilfe, Entsorgung und die konkreten Betriebsregeln bei euch. Ziel ist, dass jede Person danach weiß, wie Exposition vermieden wird, wie Warnzeichen aussehen und wie im Zweifel sofort richtig reagiert wird.

Auffrischung und Planung

Die Schulung ist **mindestens alle fünf Jahre** zu wiederholen – früher, wenn Verfahren, Produkte oder Schutzmaßnahmen wesentlich geändert wurden. Lege dir am besten feste Schulungsmonate pro Team fest und verknüpfe die Auffrischung mit eurer jährlichen Gefahrstoff-Unterweisung. So bleiben Nachweise lückenlos und ihr verpasst keine Termine.

Kennzeichnung: der Etikett-Hinweis ist dein Wecker

Lieferanten müssen deutlich auf die Schulungspflicht hinweisen – auf dem Etikett und im Sicherheitsdatenblatt. Formulierungen, wie „Ab dem 24.08.2023 ist vor der industriellen oder gewerblichen Verwendung eine angemessene Schulung erforderlich“ sind der Startschuss für deinen Check: Liegt der Gehalt an freien Diisocyanaten bei oder über 0,1 %? Welche Stufe passt zu eurer Tätigkeit?

So setzt du die Schulungspflicht schlank und sicher um – Schritt für Schritt

Erstens, Lage klären

Liste alle Produkte, die freie Diisocyanate enthalten könnten (1K/2K-PU-Schäume, Parkett- oder Pflasterfugen-Kleber, Dichtstoffe für Fugen, Bodenbeschichtungen, Reparaturharze). Markiere alle Produkte mit mindestens 0,1 %. Ordne sie den typischen Tätigkeiten zu: sprühen, pinseln/rollen, kleben, schäumen, heizen, mischen.

Zweitens, Stufe festlegen

Wähle je Tätigkeit die passende Schulungsstufe. Im Zweifel eine Stufe höher – das ist schneller und sicherer, als später nachschulen zu müssen. Dokumentiere kurz, wie du die Einstufung begründet hast (z. B. offene Fläche, Einsatztemperatur, Raumgröße, Absaugung vorhanden ja/nein).

Drittens, schulen und dokumentieren

Plane Termine, führe die Schulung durch (ideal: kurze digitale Vorbereitung, dann kurze Praxis vor Ort) und halte fest: Teilnehmende, Datum, Stufe, Schwerpunkte. Achte darauf, dass jede Person die Inhalte verstanden hat (Mini-Check, Rückfragen, eine kleine Praxisaufgabe).

Viertens, Freigabe regeln

Erlaube Tätigkeiten mit diisocyanathaltigen Produkten erst nach dokumentierter Schulung. Ohne Nachweis: Arbeitsstopp, erst schulen, dann freigeben. Weise Vorarbeiter an, den Nachweis vor Ort aktiv abzufragen.

Fünftens, Auffrischen und Anpassen

Setze den Fünf-Jahres-Takt in euren Kalender und verbinde ihn mit der Gefahrstoff-Unterweisung. Passt ihr Verfahren an (z. B. mehr Temperatur, Sprühen statt Rollen, neue Mischtechnik), prüfst du, ob eine höhere Schulungsstufe nötig wird – und aktualisierst die Nachweise.

Praktische Hinweise für den Bauhof-Alltag

- Reduziere Emissionen an der Quelle: niedrigere Verarbeitungstemperaturen, kleine Gebinde, geschlossene Kartuschenpistolen, lokale Absaugung direkt an der Arbeitsstelle, keine Sprühanwendungen ohne erprobte Absaugung.
- Plane Arbeitsorte clever: gut lüften, unbeteiligte Personen fernhalten, Flächen begrenzen, Wege kurz halten.

- PSA passend auswählen: Chemikalienschutzhandschuhe mit geeigneter Durchbruchzeit laut Sicherheitsdatenblatt, Augen-/Gesichtsschutz, geeigneter Körperschutz; Atemschutz nur, wenn Technik und Organisation nicht reichen – dann mit passender Unterweisung und Eignung.
- Hautschutz ernst nehmen: vor der Arbeit Schutzcreme, nach der Arbeit Pflegecreme; Hände waschen mit hautschonender Seife; Essen/Trinken fern der Arbeitsstelle.
- Erste Hilfe regeln: Symptome kennen (Atemnot, Husten, Engegefühl, Hautreaktionen), sofort Unterbrechung, an die frische Luft, medizinische Abklärung; bei schweren Reaktionen Notruf.
- Entsorgung sauber organisieren: Reste und kontaminierte Tücher getrennt sammeln, dicht verschließen, gemäß Vorgaben entsorgen; niemals „irgendwo" abstellen.
- Fremdfirmen nicht vergessen: Auch deren Beschäftigte brauchen den Schulungsnachweis, wenn sie bei euch diisocyanathaltige Produkte einsetzen.

Typische Bauhof-Szenarien kurz erklärt

- 1K-PU-Schaum am Schachtdeckel: Kartusche in Halter, keine Sprühanwendung, kühle Verarbeitung, Handschuhe mit geprüfter Durchbruchzeit, kurze Fläche, Lüftung sichern, Schulungsstufe „Allgemein" prüfen.
- 2K-PU-Kleber für Pflasterfugen: offenes Rollen/Spachteln, erhöhte Temperatur, ggf. längere Fläche → eher „Aufbau". Absaugung und Lüftung planen, Bereich absperren, Haut-/Augenschutz konsequent.
- Bodenbeschichtung in einer Werkstattbox: enge Räume, größere Fläche, ggf. Heißarbeiten → häufig „Fortgeschritten". Lüftung/Absaugung, Zutritt sperren, klare Rettungswege, Atemschutz nur, wenn Technik nicht reicht.

Schnittstellen im System

Die Schulungspflicht ersetzt nicht die Gefährdungsbeurteilung, sondern ergänzt sie. Du brauchst weiterhin eine aktuelle Betriebsanweisung, eine arbeitsplatznahe Unterweisung und passende technische/organisatorische Maßnahmen. Sinnvoll ist außerdem, mit dem Betriebsarzt eine Angebotsvorsorge zu vereinbaren, wenn

Personen regelmäßig mit Sensibilisierungs- oder Atemrisiken arbeiten. So schließt du die Lücken zwischen „lernen", „anwenden" und „gesund bleiben".

Kurz gesagt: Mit der REACH-Schulung stellst du sicher, dass nur geschulte, wachsame und handlungssichere Personen mit diisocyanathaltigen Produkten arbeiten. Du erfüllst die Pflicht – und schützt vor allem deine Leute vor dauerhaften Gesundheitsschäden.

Praxistipp

Pflichtschulung REACH (Diisocyanate): Schulungsnachweis vor Tätigkeit, Stufe passend zur Exposition

Bei Produkten mit freien Diisocyanaten ab 0,1 % gilt: Niemand arbeitet ohne gültigen Schulungsnachweis. Betroffen sind Anwendende, Anleitende und – wenn praktisch beteiligt – Instandhaltung/Reinigung. Die Stufe richtet sich nach der Exposition: allgemein (geschlossene/geringe Exposition), Aufbau (offen/erwärmt), fortgeschritten (z. B. Sprühen/Heißarbeiten/enge Räume). Inhalte: Gefährdungen und Symptome, sichere Arbeitsweisen, Technik/Organisation/PSA, Erste Hilfe, Entsorgung und eure Betriebsregeln. Auffrischung mindestens alle fünf Jahre oder früher bei Änderungen. Etikett und Sicherheitsdatenblatt weisen auf die Pflicht hin – das ist dein Startsignal, Stufe festzulegen, Schulung zu planen und die Freigabe an den Nachweis zu knüpfen. So wird Unterweisung zur wirksamen Expositionsvermeidung, nicht zur Formalie.

Praxisfahrplan: Unterweisung in 7 Schritten

Deine Unterweisung soll im Alltag tragen: kurz, klar, handfest – und menschenorientiert. Stell immer die Person in den Mittelpunkt: Gesundheit vor Tempo, Verständlichkeit vor Fachjargon. Achtet bewusst aufeinander, wie in einer guten Mannschaft – wenn jemand unsicher wirkt oder etwas übersieht, sagt man es freundlich und sofort. Und wenn jemand Deutsch nur begrenzt versteht, führst du die Unterweisung in der Sprache, die ankommt (zweisprachig, mit Bildern, mit echter Praxis). Einfache Sprache ist kein „Niveauverlust“, sondern Professionalität.

7-Schritte-Praxis

1. Ziel sagen – warum jetzt.
2. Am Ort unterweisen – echte Maschine, echter Platz.
3. STOP erklären – erst vermeiden/ersetzen, dann Technik, dann Organisation, zuletzt PSA.
4. Zeigen – machen lassen – korrigieren.
5. Kurz prüfen, ob verstanden (2–3 Fragen oder Mini-Aufgabe).
6. Schlank dokumentieren – Thema, Datum, wer, was neu, Praxis geübt.
7. Eine Toolbox-Nachführung nach einer Woche.

Schritt 1 – Ziel und Anlass festlegen

Beginne in einem Satz: „Worum geht es – und warum jetzt?“ Damit setzt du den Rahmen und lenkst Aufmerksamkeit. Beispiel Maschine: „Wir stellen die Bedienung des Trennschleifers um, damit niemand verletzt wird und die Maschine länger hält.“ Beispiel UV/Hitze: „Wir starten in die heiße Saison – ab heute planen wir Schichten und Schutz so, dass niemand kollabiert.“ Gefahrstoff oder Biostoff: „Beim Reinigen der Siebe arbeiten wir spritzarm und tragen X – ich zeige gleich, wie wir Handschuhe richtig an- und ausziehen.“

Schritt 2 – Arbeitsplatzbezug herstellen

Unterweise dort, wo gearbeitet wird: an der echten Maschine, am Verkehrsweg, draußen im Schattenplatz, am Ort der Gefahrstoff- oder Biostoff-Tätigkeit. Zeige, was zählt: Schutzhaube, Absaugung und Not-Halt an der Kreissäge; Engstellen und Blickrichtungen beim Rangieren; UV-Index, Unterstand und Trinkwasserstation draußen; Etikett, Betriebsanweisung und Absaugarm am Gebinde; Hygiene- und Wechselzone bei Abwasser- oder Kompostarbeiten. So wird aus „reden über“ sofort „richtig machen“.

Schritt 3 – Gefahren und Schutz nach dem STOP-Prinzip erklären

Nenne zwei bis drei Hauptgefahren in Alltagssprache und stelle die Schutzmaßnahmen in der richtigen Reihenfolge vor: erst vermeiden oder ersetzen (Substitution), dann technisch sichern, dann organisatorisch regeln, erst zuletzt persönliche Schutzausrüstung. Beispiele: Maschine – staubarmes Sägeblatt und Absaugung (technisch), nur freigegebene Werkzeuge und klare Reihenfolge (organisatorisch), Brille und Handschutz (PSA). Verkehrswege – Markierungen und trennende Leitkegel (technisch), Einweiser und Schrittgeschwindigkeit (organisatorisch), Warnkleidung Klasse 2/3 (PSA). UV/Hitze – Schichtverlagerung und Verschattung (technisch/organisatorisch), bedeckende leichte Kleidung, Kopfbedeckung, Brille und Sonnenschutz, Trinkregeln (PSA/Verhalten). Gefahrstoffe – geschlossene Handhabung und Absaugung (technisch), Freigabe-Checkliste und „nicht mischen“ (organisatorisch), passende Handschuhe und Augenschutz (PSA). Biostoffe – Einhausen, abdecken, staub- und spritzarm (technisch), klare Wege „sauber/schmutzig“ (organisatorisch), Handschutz, bei Bedarf FFP-Maske und Schutzbrille, Händehygiene (PSA/Verhalten).

Schritt 4 – Zeigen, machen lassen, korrigieren

Jetzt wird’s praktisch: Jede Person führt den entscheidenden Handgriff einmal aus – Maschine sicher an- und abstellen, Not-Halt testen; Fahrzeug am Bodensignal anhalten; UV-Schutz komplett anlegen (Kopfbedeckung, Brille, richtige Menge Sonnenschutz); Gefahrstoff unter Absaugung öffnen; bei Biostoffen Handschuhe kontaminationsfrei ausziehen. Der Handschuh-Trick mit farbigem Wasser macht Kontamination sichtbar und sorgt für Aha-Effekte. Beobachte, gib sofort Rückmeldung, wiederholen lassen – diese zwei Minuten entscheiden, ob die Unterweisung „sitzt".

Schritt 5 – Wirksamkeit prüfen, kurz und eindeutig

Stelle zwei bis drei gezielte Fragen oder gib eine Mini-Aufgabe: „Was ist heute neu?", „Welche zwei Stop-Regeln gelten bei Hitze/ UV?", „Woran erkennst du, dass die Maschine nicht freigegeben ist?", „Was tust du bei Spritzern im Abwasserbereich?" Der kurze Check zeigt dir, ob du nachschärfen musst – und liefert den Nachweis, dass verstanden wurde.

Schritt 6 – Schlank dokumentieren

Halte fest: Thema, Datum, wer unterwiesen hat, Teilnehmende, was sich ändert; bei Praxisthemen zusätzlich „Handgriff geübt – ok". Papier oder elektronisch ist egal – eindeutig, nachvollziehbar, revisionssicher muss es sein. Wenn digital, dann mit persönlichem Login (kein Sammelaccount) und klarer Ablage.

Schritt 7 – Transfer sichern mit kurzer Nachführung

Vereinbare einen Mini-Follow-up-Termin: in einer Woche eine fünfminütige Toolbox am Ort der Tätigkeit – „Greifen die neuen Regeln?"; setze bei Bedarf ein Erinnerungsfoto oder einen Piktogramm-Aufkleber ans Gerät/Regal; bei UV/Hitze morgens gemeinsam den UV-Index prüfen; bei Biostoffen die Händehygiene und Wechselmöglichkeit checken; bei Gefahrstoffen prüfen, ob Absaugung genutzt und BA ausgehängt ist. So bleibt die Wirkung hoch – Unterweisung ist kein Einmal-Event, sondern gelebte Routine.

Hinweise für deine Themenwahl

Maschinen: Immer mit BA-Aushang, Not-Halt-Test und Werkzeugfreigabe verbinden; keine Druckluft zum Reinigen.

Verkehrswege: Wege markieren, tote Winkel ansprechen, Einweiser-Regel festlegen, Schrittgeschwindigkeit einfordern.

UV/Hitze: UV-Index erklären, Schichtfenster und Verschattung festlegen, Trinkregeln und Stop-Kriterien benennen.

Gefahrstoffe: Etikett und BA „lesen lassen", Absaugung zeigen, bei Bestandsarbeiten „erst prüfen, dann arbeiten" (Asbestverdacht).

Biostoffe: Hygiene, Wechselzonen, passende PSA, staub- und spritzarme Verfahren; bei Abwasser klare Freigabe- und Sicherungsregeln.

Zum Schluss der wichtigste Satz: **Menschen zuerst**. Eine gute Unterweisung schafft Sicherheit und Respekt – sie macht klar, was heute zählt, lässt zeigen und üben, gibt ehrliche Rückmeldung und passt die Sprache an, bis es verstanden ist. So veränderst du Verhalten, machst Prüfungen gelassen und hältst deinen Bauhof im Alltag wirklich sicher.

Praxistipp

Praxisfahrplan in 7 Schritten: Ziel, Ort, STOP, Praxis, Check, Doku, Nachführung

Schritt für Schritt zur Unterweisung: 1) Ziel und Anlass in einem Satz nennen – warum jetzt. 2) Arbeitsplatzbezug herstellen – dort unterweisen, wo gearbeitet wird (Maschine, Verkehrsweg, Außenplatz, Gefahrstoff-/Biostoff-Ort). 3) Gefahren und Schutz nach STOP erklären – erst vermeiden/ersetzen, dann technisch, dann organisatorisch, zuletzt PSA. 4) Zeigen – machen lassen – korrigieren: Handgriffe üben (z. B. Not-Halt, Handschuhe kontaminationsfrei ausziehen, UV-Schutz komplett, sicheres Umfüllen). 5) Wirksamkeit prüfen: zwei bis drei Fragen oder Mini-Aufgabe. 6) Schlank dokumentieren: Thema, Datum, Unterweisende Person, Teilnehmende, „was ist neu", Praxis geübt. 7) Transfer sichern: kurze Toolbox-Nachführung nach einer Woche. Organisation, Auswahl und Ansprache der Teilnehmenden, Themensammlung und Vorbereitung, Methodenwahl, Zielvereinbarungen, Nachbereitung und Erfolgskontrollen sowie persönliche Tipps (einfache Sprache, Bilder, echte Beispiele) runden den Ablauf ab. Beispiele aus der Praxis – Winterdienst (UV/Kälte/

Verkehr) und Brandschutz (Löschen/Alarm/Evakuierung) – zeigen: So wird Unterweisung vom Pflichttermin zum Verhaltensanker.

Toolbox-Minuten (Ready-to-run) – Kurz-Skripte für den Schichtstart

Hinweis zur Nutzung

Alle Skripte sind auf 5–10 Minuten ausgelegt. Struktur je Skript: Ziel, Dauer, Ort/Material, Ablauf Minute für Minute, Mini-Übung/Fragen, „Ab heute gilt“, Doku-Hinweis. Durchführen am Ort der Arbeit, mit echten Geräten und kurzer Praxis.

Beispiel

UV-Index heute

Ziel

Sonnenschutz tagesaktuell festlegen und anwenden.

Dauer 7 Minuten.

Ort/Material

Außenarbeitsplatz, Smartphone/Board mit UV-Index, Kopfbedeckung, Sonnenbrille, Sonnenschutzmittel, leichte bedeckende Kleidung, Trinkwasser.

Ablauf

Minute 1: UV-Index heute nennen, was bedeutet der Wert für uns (Ampel: niedrig – grundlegend; mittel – Pflichtmaßnahmen; hoch – Zusatzpausen/Schatten).

Minute 2: Schichtfenster und Schattenpunkte festlegen; Trinkwasserstellen zeigen.

Minute 3–4: Kleidung zeigen: bedeckend, Kopfbedeckung, Brille; Sonnenschutz auftragen (Menge, erneuern alle 2–3 Stunden, besonders Nacken/Ohren).

Minute 5: Stop-Regeln: Gewitter, Hitzekollaps-Symptome, sofort melden und pausieren.

Minute 6: Mini-Übung: Jede Person benennt, welche zwei Maßnahmen sie heute konkret umsetzt.

Minute 7: Fragen klären.

Ab heute gilt

UV-Index täglich prüfen, Maßnahmen laut Ampel umsetzen, Schatten- und Trinkpausen einhalten.

Doku

Thema, Datum, Teilnehmende, „UV-Index in Tagesplanung aufgenommen".

Beispiel

Gewitter-Stopp

Ziel

Sicheres Verhalten bei Gewitter festlegen und trainieren.

Dauer 5 Minuten.

Ort/Material

Außenarbeitsplatz, nächster sicherer Aufenthaltsort (Fahrzeug/Container/Halle), telefonische Wetterwarnung/Radar.

Ablauf

Minute 1: Warnzeichen und Regel nennen (Donner hörbar = Arbeit an exponierten Stellen sofort stoppen).

Minute 2: Gefährliche Tätigkeiten benennen: Hubarbeitsbühnen, Dachkante, große Metallteile, freies Feld.

Minute 3: Sammelpunkte und sicherer Rückzug; Weg dorthin zeigen.

Minute 4: Meldekette und Freigabe nur nach 30 Minuten ohne Donner.

Minute 5: Kurzabfrage: Wo ist dein nächster sicherer Ort, wen informierst du?

Ab heute gilt

Bei Gewitterwarnung oder Donner: Stopp, Rückzug, melden, 30-Minuten-Regel einhalten.

Doku

Thema, Datum, Teilnehmende, „Gewitter-Stopp-Regel verankert".

Beispiel

Leiter: 3 Kontaktpunkte

Ziel

Sicheres Steigen und Arbeiten auf Leitern festlegen.

Dauer 7 Minuten.

Ort/Material

Die Leiter, rutschfester Untergrund, Werkzeugtasche.

Ablauf

Minute 1: Leiter ist Verkehrsweg, nicht Arbeitsplatz (Ausnahmen nur kurz und begründet).

Minute 2: Aufstellen im sicheren Winkel, Leiter übersteht Austrittsstelle etwa eine Armlänge.

Minute 3: Drei Kontaktpunkte erklären und zeigen (zwei Hände, ein Fuß oder zwei Füße, eine Hand).

Minute 4: Werkzeugtransport in Tasche, nichts in der Hand.

Minute 5: Verbotene Bewegungen: seitliches Hinauslehnen, Leiter verschieben im Stand.

Minute 6: Mini-Übung: Jede Person steigt korrekt auf/ab, zeigt 3 Kontaktpunkte.

Minute 7: Fragen klären.

Ab heute gilt

Stufen statt Sprossen für Standarbeiten; 3 Kontaktpunkte; kein Hinauslehnen; jährliche Sicht-/Funktionsprüfung.

Doku

Thema, Datum, Teilnehmende, „3-Kontaktpunkte gezeigt".

Beispiel

Handschuhe richtig ausziehen

Ziel

Kontamination vermeiden, Haut schützen.

Dauer 6 Minuten.

Ort/Material

Einweg- oder Chemikalienhandschuhe, farbiges Wasser/Marker (Demo), Abfallbehälter.

Ablauf

Minute 1: Warum richtiges Ausziehen zählt (unsichtbare Gefahrstoffe/Biostoffe).

Minute 2–3: Technik zeigen: Außenrand fassen, ersten Handschuh halb abstreifen, zweite Hand unter die Innenfläche, abziehen und den ersten darin einschlagen.

Minute 4: Mini-Übung mit farbigem Wasser: alle probieren, Kontrolle auf „Schmierstellen".

Minute 5: Hände waschen, Pflegecreme, Handschuhwechsel-Regeln.

Minute 6: Fragen klären.

Ab heute gilt

Kein Abziehen am Handgelenk mit bloßer Haut über die Außenseite; Hände unmittelbar reinigen.

Doku

Thema, Datum, Teilnehmende, „Handschuhe kontaminationsfrei ausgezogen".

Beispiel

Handkreissäge: Kickback vermeiden

Ziel

Rückschlaggefahr erkennen und vermeiden.

Dauer 7 Minuten.

Ort/Material

Handkreissäge, passendes Blatt, Probestück, Spaltkeil/Schnittführung, Schutzbrille, Gehörschutz.

Ablauf

Minute 1: Kickback erklären (Säge verkantet, Blatt hakt, Rückschlag).

Minute 2: Technik: passendes, scharfes Blatt; Spaltkeil; feste Auflage; kein Klemmen.

Minute 3: Führung: beide Hände, Körper seitlich der Schnittlinie, Kabelführung frei.

Minute 4: Start/Stop: erst auf Drehzahl, dann in Material; nie im Schnitt starten; Säge nie ablegen, bevor Blatt steht.

Minute 5: Mini-Übung: richtige Körperposition und Startsequenz zeigen.

Minute 6: PSA-Check (Brille/Gehörschutz), Absaugung.

Minute 7: Fragen klären.

Ab heute gilt

Kein Schnitt ohne Auflage/Spaltkeil; nie im Schnitt starten; Rückschlagwinkel vermeiden.

Doku

Thema, Datum, Teilnehmende, „Kickback-Vermeidung demonstriert".

Beispiel

Diesel in Halle – Lüftung und Stop

Ziel

Abgasexposition vermeiden, Notfallverhalten klären.

Dauer 6 Minuten.

Ort/Material

Halle, Lüftungsanlage/Abgasabsaugung, Messpunkt/CO-Anzeige (falls vorhanden).

Ablauf

Minute 1: Risiko benennen (CO/NOx, Sichttrübung, Kopfschmerz/Übelkeit).

Minute 2: Technik: Abgasabsaugung an, Tore/Lüfter öffnen; Leerlauf vermeiden.

Minute 3: Organisation: Fahrwege kurz, Standzeiten minimieren; nur ein Fahrzeug zeitgleich im Innenraum.

Minute 4: Stop-Regel: trübe Sicht oder Abgasgeruch = sofort Anlage stoppen, Lüften, Ursache beheben.

Minute 5: Mini-Übung: Abgasabsaugung korrekt ankoppeln.

Minute 6: Fragen klären.

Ab heute gilt

Keine Motorläufe ohne Absaugung; Stop bei Geruch/Trübung, erst lüften, dann Ursache beheben.

Doku

Thema, Datum, Teilnehmende, „Abgasabsaugung angewandt“.

Beispiel

Staub – kein Druckluft-Abblasen

Ziel

Feinstaub vermeiden, richtige Reinigung anwenden.

Dauer 5 Minuten.

Ort/Material

Entstauber Staubklasse M, Spanpinsel, feuchtes Tuch, Maschine.

Ablauf

Minute 1: Warum kein Abblasen? Feinstaub wird verteilt, eingeatmet, bleibt lange in der Luft.

Minute 2: Richtige Reihenfolge: Absaugung an der Quelle, Reinigung mit Entstauber/Spanpinsel, feucht nachwischen.

Minute 3: Mini-Übung: Arbeitsfläche mit Entstauber reinigen.

Minute 4: Filter- und Beuteltausch kurz zeigen.

Minute 5: Fragen klären.

Ab heute gilt

Kein Druckluft-Abblasen. Staubquelle absaugen, Entstauber benutzen, feucht reinigen.

Doku

Thema, Datum, Teilnehmende, „Staubarm gereinigt“.

Beispiel

Freimessen: 3 Fragen vor Betreten

Ziel

Sichere Entscheidung vor Einstieg in Schacht/Behälter/engen Raum.

Dauer 8 Minuten.

Ort/Material

Dreibock/Winde (sichtbar), Viergas-Messgerät (kalibriert), Belüfter, Erlaubnisschein.

Ablauf

Minute 1: Drei Fragen nennen: Ist die Atmosphäre sicher? Ist die Rettung vorbereitet? Ist die Kommunikation gesichert?

Minute 2–3: Freimessen zeigen (O2, CH4, H2S, CO), Grenzwerte erläutern, Wiederholungsmessung bei Pausen.

Minute 4: Belüften bis sichere Werte, Belüftung weiter betreiben.

Minute 5: Rollen am Einstieg (Aufsicht oben, Sicherung, Retter).

Minute 6: Abbruchkriterien (Alarm, O2-Abfall, Funkstille).

Minute 7: Mini-Übung: Messgerät starten, Werte ablesen, dokumentieren.

Minute 8: Fragen klären.

Ab heute gilt

Ohne Freigabe keine Arbeit; Messung, Belüftung, Rettung, Kommunikation stehen, erst dann Einstieg.

Doku

Thema, Datum, Teilnehmende, „Freimessen demonstriert“.

Beispiel

LOTO: Nullenergie in 60 Sekunden

Ziel

Sicherer Eingriff an Maschinen/Anlagen.

Dauer 6 Minuten.

Ort/Material

LOTO-Schloss/Anhänger, Maschine mit Hauptschalter/Medienzuführungen.

Ablauf

Minute 1: Nullenergie erklären (alle Energien trennen: Strom, Druckluft, Hydraulik, Bewegung, gespeicherte Energie).

Minute 2–4: Sequenz zeigen: abschalten – trennen – sichern (Schloss/Anhänger) – Restenergie abbauen – auf „Null“ prüfen – Arbeiten – entfernen nur durch die Person, die gesichert hat – Probelauf.

Minute 5: Mini-Übung: Schloss setzen, Prüfhandgriff.

Minute 6: Fragen klären.

Ab heute gilt

Kein Eingriff ohne LOTO. Schloss und Anhänger immer personalisiert.

Doku

Thema, Datum, Teilnehmende, „LOTO-Nullenergie geübt“.

Beispiel

Ladungssicherung: 5 Punkte

Ziel

Lasten so sichern, dass sie bei Bremsen/Ausweichen nicht verrutschen oder kippen.

Dauer 7 Minuten.

Ort/Material

Fahrzeug, Zurrpunkte, Zurrgurte/Netze, Antirutschmatten, Musterladung.

Ablauf

Minute 1: Risiko benennen (bremsen, ausweichen, kippen, Haftung).

Minute 2–6: Fünf Punkte

- Gewicht/Schwerpunkt kennen; schwere Teile nach unten/vorne.
- Antirutschmaterial unterlegen.
- Formschluss herstellen (Lücken füllen, Netze nutzen).
- Zurren über geeignete Zurrpunkte, Gurte unbeschädigt, Winkel beachten.
- Kontrolle vor Abfahrt: Sichtprüfung, Nachspannen nach kurzer Strecke.

Minute 7: Mini-Übung: eine Kiste mit zwei Gurten formschlüssig sichern.

Ab heute gilt

Keine Fahrt ohne Sicht-/Zugprüfung, Nachspannen nach Anfahrweg, beschädigte Gurte aussortieren.

Doku

Thema, Datum, Teilnehmende, „Ladungssicherung 5 Punkte angewandt".

Gefährdungsbeurteilungen (GBU) schlank & prüffest

GBU heute: Was sich geändert hat – und wie du es in die Praxis bringst

Die Gefährdungsbeurteilung ist dein Kernwerkzeug. Sie entscheidet darüber, ob im Bauhof sicher gearbeitet wird – in der Werkstatt, draußen im Einsatz, im Lager, beim Transport und bei Bestandsarbeiten. Und ja: Am Anfang ist die GBU erst einmal Papier. Spätestens nach einem schweren Arbeitsunfall wird sie jedoch zum zentralen Dokument, an dem sich zeigt, ob ihr eure Hausaufgaben gemacht habt. Deshalb lohnt es sich, sie von Beginn an so zu bauen, dass sie im Alltag hilft und im Ernstfall trägt.

Die bewährte Siebenschritt-Logik

1. Arbeitsbereiche und Tätigkeiten festlegen: Außenarbeit, Werkstatt, Lager/Verkehr, Verwaltung/Sozialräume, Sonderbereiche (z. B. Schächte, Klärbecken).
2. Gefährdungen ermitteln: Maschinen, Fahrzeuge, Gefahrstoffe, Biostoffe, Witterung/UV-Strahlung, enge Wege, Strom, Lärm/Vibration, Heben/Tragen.
3. Gefährdungen beurteilen: realistisch und nachvollziehbar – wie groß ist das Risiko, wie oft tritt es auf, wie gut ist es heute beherrscht.
4. Schutzmaßnahmen festlegen: in der richtigen Reihenfolge – vermeiden/ersetzen, technisch sichern, organisatorisch regeln, erst zuletzt persönliche Schutzausrüstung.
5. Schutzmaßnahmen umsetzen: Verantwortliche und Termine festlegen, Hilfsmittel und Budgets bereitstellen.
6. Wirksamkeit prüfen: kurze Begehung, Mess- oder Abschätzwerte, Rückmeldungen aus dem Team.

7. Fortschreiben: Änderungen, Ereignisse, neue Regeln, Jahrescheck – die GBU bleibt lebendig.

Der Dreiklang, der nichts vergessen lässt

Damit die GBU vollständig wird, ohne auszuufern, hilft das Drittel-Modell:

ein Drittel Ressourcen, ein Drittel Gefahren, ein Drittel Belastungen.

Ressourcen sind alles, was du bereitstellst: klare Zuständigkeiten, Zeitfenster, Budget, Werkzeuge und PSA, Verschattung/Unterstände und Trinkwasser, Absaugungen, Hilfsmittel zum Heben, Markierungen, digitale Schutzmaßnahmen an vernetzten Anlagen (zum Beispiel getrennte Netze, gesicherte Fernwartung, dokumentierte Fallbacks). Gefahren sind die klassischen Risiken aus Tätigkeiten, Arbeitsmitteln, Stoffen, Verkehrswegen und Witterung. **Belastungen** sind das, was Menschen beansprucht: körperlich (Heben/Tragen, Vibration, Kälte/Hitze, Lärm) und psychisch (Zeitdruck, Unsicherheit bei Bestandsstoffen, Gerüche/Dämpfe, Konflikte mit Dritten). Wenn du alle drei Kategorien bewusst abarbeitest, erfüllst du die rechtliche Pflicht zur Beurteilung der Arbeitsbedingungen – und deine GBU wird praxistauglich.

Hinweis

Was sich inhaltlich geschärft hat

Gefahrstoffe bewertest du heute deutlicher risikobezogen, insbesondere krebserzeugende Stoffe: Ziel ist, die Exposition messbar in den akzeptablen Bereich zu senken. In Bestandsgebäuden gehört der Asbestverdacht ausdrücklich in die GBU – mit STOP-Regel und einfachem Freigabeablauf: erst klären, dann arbeiten.

Arbeiten im Freien sind nicht mehr „Wetterglück“, sondern geplant: Schichtfenster, Verschattung, Trinkwasser, Kleidung, UV-Index und Stop bei Extremwetter. Biostoffe (Kompost, Schimmel, Vogelkot, Abwasser) sind mit aktualisierten Grundmaßnahmen hinterlegt: Hygiene, Wechselmöglichkeiten, passende PSA, staub- und spritzarmes Arbeiten.

Und bei Arbeitsmitteln gehört die digitale Seite dazu, wenn Sicherheitsfunktionen von Steuerungen abhängen: keine Standard-Passwörter, geregelte Fernwartung, Protokollierung, Fallback – und diese Punkte in Abnahme und wiederkehrende Prüfungen integrieren.

Typischer Praxisfehler – und wie du ihn vermeidest

Gefahrstoffmischungen werden oft unterschätzt. Beispiel: saurer Entkalker und chlorhaltiger Reiniger. Werden beide vermischt, kann giftiges Chlorgas entstehen – sofortige Gefahr für Atemwege. Solche Wechselwirkungen gehören in die GBU und in die Unterweisung: getrennte Lagerung, klare Reinigungsreihenfolge, niemals mischen, Etiketten lesen, bei ungeklärtem Geruch sofort stoppen und lüften.

So setzt du die GBU auf – ohne Bürokratieballast

Lege zuerst deine Bereiche fest und wähle pro Bereich zwei bis drei typische Tätigkeiten, an denen du das Vorgehen „durchbuchstabierst". Ermittele Gefahren und ergänze die Belastungen. Prüfe parallel, welche Ressourcen du bereitstellen musst, damit Maßnahmen wirken. Lege die Maßnahmen in STOP-Reihenfolge fest: zuerst vermeiden/ersetzen (anderes Verfahren, anderes Produkt), dann technisch sichern (Einhausung, Absaugung, trennende Maßnahmen, Leitkegel/Bordsteine), dann organisatorisch steuern (Wegeführung, Schichtzeiten, Freigaben), erst zum Schluss PSA – und die richtig an- und ablegen.

Schreibe pro Bereich einen kompakten Absatz, der die heute erwarteten Akzente sichtbar macht:

Außenarbeit: Hitze, Kälte, UV, Wind/Regen bewerten; Maßnahmen sind Schichtzeiten, Verschattung/Unterstand, Trinkwasser, bedeckende leichte Kleidung, Kopfbedeckung, Sonnencreme, Gewitter-/Extremwert-Stop; Unterweisung erklärt den UV-Index; Kontrolle über kurze Toolbox im Sommer.

Gefahrstoffe: Grenzwertstoffe versus krebserzeugende Stoffe mit Risikokonzept unterscheiden; Absaugung/geschlossene Handhabung; klare Freigaben; Asbestverdacht klären; „Kopfsache“ in Unterweisung benennen; Mess- oder Abschätzwerte jährlich prüfen.

Biostoffe: Hygiene und PSA als Grundlinie; staub-/spritzarme Verfahren; Wechselzonen; saisonale Unterweisung; Impfangebote mit dem Betriebsarzt abstimmen.

Arbeitsmittel/Anlagen: MSR-Sicherheitsfunktionen plus Cyber-Punkte in Abnahme und Prüfung (Zugänge, Protokoll, Updates, Fallback).

Mit Menschen, nicht im Elfenbeinturm

Mach die GBU nicht am Schreibtisch fertig. Geh raus, schau dir die Arbeit an, nimm Vorarbeiter, Sicherheitsbeauftragte und die, die die Arbeit wirklich machen, mit. Vor Ort siehst du Einengungen, tote Winkel, Gewohnheiten und „Abkürzungen“, die am Bildschirm unsichtbar bleiben. Diese Beteiligung verbessert Qualität und Akzeptanz – beides brauchst du.

Kompakte Doku – und gelebte Verknüpfung

Jede neue oder geänderte Maßnahme bekommt eine kurze Unterweisung am Ort der Tätigkeit. Nach wenigen Wochen prüfst du stichprobenartig, ob das Verhalten passt – und schärfst nach, wenn nötig. Dokumentiere nur, was zählt: Bereich/Tätigkeit, Kerngefahren, Maßnahmen in STOP-Reihenfolge, Verantwortliche und Termin, Zeitpunkt der Wirksamkeitsprüfung. So bleibt die GBU schlank und prüffest.

Der Abschluss-Check, der dich sicher macht

Frage dich zum Schluss drei Dinge:

Erstens: Sind Ressourcen wirklich vorhanden (Zeit, Material, Hilfsmittel, Unterstände, Absaugungen, digitale Einstellungen), damit die Maßnahmen funktionieren?

Zweitens: Sind die größten Gefahren technisch/organisatorisch entschärft – oder „lösen“ wir sie noch zu oft mit PSA und Appellen?

Drittens: Haben wir die Belastungen – körperlich und psychisch – im Blick, und reagieren wir auf Signale aus dem Team (Hitzeprobleme, Rückenschmerzen, Unsicherheit bei Stoffen, Stress an Engstellen)?

Wenn du hier dreimal „Ja“ ankreuzen kannst, ist deine Gefährdungsbeurteilung auf heutigem Stand: schlank, wirksam und prüffest.

Praxistipp

Allgemeines, Rechtsgrundlage, Zweck und Grundlogik der Gefährdungsbeurteilung

Die Gefährdungsbeurteilung ist dein zentrales Führungsinstrument für Sicherheit und Gesundheit – in Werkstatt, Außenarbeit, Lager/Verkehr, Transport und Bestand. Rechtsgrundlage ist das staatliche Arbeitsschutzrecht, konkretisiert durch die Verordnungen (Betriebssicherheit, Arbeitsstätten, Gefahrstoffe, Biostoffe) und deren Technische Regeln. Ziel ist nicht Papier, sondern wirksame Entscheidungen nach einer klaren Reihenfolge. Bewährt hat sich die Schrittfolge: vorbereiten und Tätigkeiten erfassen, Gefährdungen ermitteln, Risiken beurteilen, Maßnahmen festlegen, Maßnahmen umsetzen, Wirksamkeit prüfen, fortschreiben und dokumentieren. Neu wichtig ist der Dreiklang als Qualitätsfilter: ein Drittel Ressourcen (Zeit, Budget, Hilfsmittel, Unterstände, Absaugungen, IT-Sicherheit an Steuerungen), ein Drittel Gefahren (was konkret passieren kann), ein Drittel Belastungen (körperlich und psychisch). Verantwortlich bleibst du als Leitung; Sifa, Betriebsarzt, Sicherheitsbeauftragte und befähigte Personen liefern Fachinput. Deine Wirksamkeitskontrolle: kurze Begehungen, ASA-Schleifen, Kennzahlen und konsequente Nachsteuerung.

So gehst du vor

Bereich → Gefahr → Bewertung → Maßnahmen → Wirksamkeit → Fortschreiben

Die Gefährdungsbeurteilung ist kein Formular, das man einmal ausfüllt – sie ist ein fortlaufender Prozess. Du ermittelst Gefährdungen, bewertest ihr Risiko, legst Schutzmaßnahmen fest, setzt sie um, prüfst ihre Wirkung, dokumentierst das Ergebnis und schreibst die Beurteilung fort, wenn sich etwas ändert. Ob man das in sieben, acht oder neun Schritte gliedert, ist zweitrangig. Wichtig ist, dass du konsequent nach demselben Ablauf vorgehst und die Beschäftigten einbeziehst: Sie kennen die Arbeit, die Ecken und Kanten, die Abkürzungen – und sie liefern dir die besten Hinweise.

Der rote Faden im Alltag ist einfach: Du nimmst dir jeweils einen klar abgegrenzten Bereich vor – zum Beispiel „Werkstatt Metall“, „Grünkolonne Außenarbeit“ oder „Recyclinghof Verkehr“. Dann arbeitest du dich durch die Kette: Bereich wählen, typische Tätigkeiten benennen, Gefahren offenlegen, bewerten, Maßnahmen in STOP-Reihenfolge festlegen, umsetzen, nach ein paar Wochen die Wirksamkeit prüfen und – sobald sich etwas ändert – fortschreiben. So bleibt deine GBU schlank, prüffest und vor allem nutzbar.

Bewerten mit passenden Maßstäben

Gefahrstoffe ohne Krebsbezug beurteilst du nach Arbeitsplatzgrenzwerten: Ziel ist, die Exposition dauerhaft sicher unter dem Grenzwert zu halten und trotzdem so wenig wie vernünftig machbar zu erreichen. Bei krebserzeugenden Stoffen gilt das risikobezogene Konzept mit Akzeptanz- und Toleranzbereich: Liegt die Exposition oberhalb der Toleranz, stoppst du die Tätigkeit und senkst die Belastung mit technischen und organisatorischen Änderungen deutlich ab; langfristig willst du unter die Akzeptanz. Bei biologischen Arbeitsstoffen (Abfall, Kompost, Schimmel, Vogelkot, Klärbecken, Abwasser) wählst du die Schutzstufe, legst Grundhygiene und PSA fest und planst staub- und spritzarme Arbeitsweisen; Impfangebote stimmst du mit dem Betriebsarzt ab. Für Außenarbeit bewertest du

Wetter und UV: Schichtfenster, Verschattung/Unterstand, Trinkwasser, leichte bedeckende Kleidung, Kopfbedeckung, Augenschutz und Tagesentscheidung mit UV-Index. Bei manuellen Lasten und Verkehrswegen geht es um Wegeführung, Hilfsmittel, Teamarbeit/Einweiser, realistische Gewichte und kurze Pausenrhythmen.

Maßnahmen in der richtigen Reihenfolge

Vermeiden oder ersetzen schlägt alles. Wenn das nicht geht, sicherst du technisch (Einhausung oder Absaugung, trennende Schutzeinrichtungen, Verschattung, Entwässerung, rutschhemmende Böden, klare Verkehrsführung). Danach folgen Organisation (Freigaben, Zeitfenster, Einweiser, Stop-Regeln bei Gewitter/Extremhitze, „sauber/schmutzig"-Wege bei Biostoffen). Erst am Ende kommt persönliche Schutzausrüstung – passend ausgewählt und mit Unterweisung. Jede Maßnahme bekommt Verantwortliche und Termin. Nach ein paar Wochen prüfst du stichprobenartig, ob die Maßnahmen wirken, und passt sie an.

Beispiel

Praxisnahe Beispiele – damit klar ist, was gemeint ist

Chemische Wechselwirkungen werden oft übersehen. Ein Klassiker: saurer Entkalker plus chlorhaltiger Reiniger. Werden beide gemischt, können gefährliche Chlorgase freiwerden – sofortige Gefahr fürs Atmen. Solche Konstellationen gehören in deine GBU und in die Unterweisung: getrennt lagern, klare Reinigungsreihenfolge, niemals mischen, Etikett lesen, bei ungeklärtem Geruch sofort stoppen, lüften, melden.

Biostoffe: Beim Spülen von Sieben im Abwasserbereich planst du spritzarme Verfahren, legst Wechselzonen und Händehygiene fest und übst das saubere Ausziehen der Handschuhe.

Außenarbeit: Du verknüpfst die Tagesplanung mit dem UV-Index, legst Schichtfenster und Schattenpausen fest und definierst Stop-Regeln bei Gewitter.

Werkstatt: Staub an Maschinen bekämpfst du an der Quelle (Absaugung, kein Druckluft-Abblasen), kontrollierst Not-Halt-Funktion und Schutzeinrichtungen und regelst Reinigung, Werkzeugfreigabe und Nullenergie bei Eingriffen.

Wer schreibt die GBU – und wann brauchst du Fachkunde?

Als Bauhofleitung kannst du die GBU grundsätzlich selbst aufsetzen, wenn du fachkundig bist: Du kennst die Gefahrenquellen, Informationsquellen und Schutzmaßnahmen deiner Tätigkeiten. Fehlt dir Tiefe, holst du dir Sifa, Betriebsarzt oder externe Fachleute dazu. Zwei Felder verlangen explizit Fachkunde: Gefahrstoffe und Biostoffe. Bei Gefahrstoffen stützt du dich auf die jeweiligen Regeln zur Gefahrstoff-GBU; bei Biostoffen ist die fachkundige Beurteilung vor Tätigkeitsbeginn gefordert. So stellst du sicher, dass deine Einschätzungen halten – fachlich und vor jeder Prüfung.

Besondere Personengruppen nicht vergessen

Die GBU zum Mutterschutz ist Teil deiner Gesamtbeurteilung. Du prüfst früh, welche Tätigkeiten für Schwangere oder Stillende ungeeignet sind, passt Aufgaben und Schutzmaßnahmen an und unterweist individuell. Psychische Belastungen gehören immer in die GBU: Zeitdruck, Schicht- oder Hitzebelastung, Unsicherheit bei Gefahrstoffen oder im Bestand, Konflikte mit Dritten. Du vereinbarst konkrete Entlastungen – realistische Taktung, Schichttausch bei Hitze, Vorabklärung von Asbestverdacht, klare Melde- und Stop-Ketten – und prüfst, ob das spürbar wirkt.

Der Ablauf für den Bauhof – kurz, klar, wiederholbar

1. Bereich festlegen und zwei bis drei typische Tätigkeiten auswählen.
2. Gefahren sammeln: Maschinen/Fahrzeuge, Stoffe, Biostoffe, Witterung/UV, Verkehrswege/Lasten, Lärm/Vibration, beengte Verhältnisse.
3. Bewertung wählen: Grenzwert oder Risiko bei Gefahrstoffen, Schutzstufe bei Biostoffen, Witterungs-/UV-Bewertung für Außenarbeit, Praxiskriterien für Lasten/Verkehr.
4. Maßnahmen nach STOP festlegen – mit Verantwortlichen und Terminen.

5. Wirksamkeit nach einigen Wochen prüfen (kurze Begehung, Rückmeldung der Sicherheitsbeauftragten, ggf. Mess-/Abschätzwerte) und nachschärfen.
6. Fortschreiben, sobald es Anlässe gibt: neue Stoffe/Verfahren, neue Baustellenbedingungen, Unfälle/Beinaheereignisse, Saisonwechsel.

Zwei Praxistipps zum Schluss

Erstens: Nutze den Dreiklang als Schnellcheck – ein Drittel Ressourcen (Zeit, Hilfsmittel, Unterstände, Absaugung, IT-Sicherheit an Steuerungen), ein Drittel Gefahren (was kann passieren?), ein Drittel Belastungen (körperlich und psychisch). Wenn alle drei beantwortet sind, bist du vollständig.

Zweitens: Mach die GBU nicht im Elfenbeinturm. Geh raus, schau zu, frag die, die die Arbeit machen. Dann wird deine GBU automatisch realistischer – und deine Maßnahmen greifen dort, wo sie sollen: im Alltag deiner Leute.

Praxistipp

Durchführung in Schritten: von der Vorbereitung bis zum Fortschreiben

Der Weg zur tragfähigen Gefährdungsbeurteilung ist immer gleich, unabhängig vom Bereich. Du bereitest vor, indem du Arbeitsbereiche und typische Tätigkeiten sauber abgrenzt. Du ermittelst Gefährdungen vor Ort (Begehung, Gespräche, Unfall-/Beinaheanalysen, Dokumente) und beurteilst sie mit passenden Maßstäben: Grenzwerte oder Risikowerte bei Gefahrstoffen, Schutzstufen bei Biostoffen, Witterung/UV-Kriterien im Freien, Praxiskriterien bei Lasten und Verkehrswegen. Du legst Maßnahmen in STOP-Reihenfolge fest (vermeiden/ersetzen, technisch, organisatorisch, PSA), setzt sie um und prüfst nach einigen Wochen, ob sie wirken. Ergebnisse hältst du kurz, aber nachvollziehbar fest und schreibst die GBU fort, sobald sich etwas ändert (neue Maschine, Software-Update mit Sicherheitsbezug, neuer Stoff, neue Baustellenlage, Ereignis). Wirksamkeitskontrolle und Verantwortlichkeit ge-

hören zu jeder Maßnahme dazu: Wer macht was bis wann, womit kontrollieren wir (Messwert, Abschätzung, Begehung, Toolbox-Rückmeldungen). Der Dreiklang Ressourcen–Gefahren–Belastungen verhindert Lücken und sorgt dafür, dass nicht nur „PSA“ am Ende übrigbleibt.

Spezialfälle im Bauhof

Winterdienst

Im Winterdienst bestimmst du das Tempo – nicht der Einsatzplan. Plane wettergeführt und briefe kurz vor Schichtbeginn direkt am Fahrzeug: Sichtverhältnisse, Fahrbahnzustand, Rad- und Fußwege, bekannte Engstellen, zusätzliche Beleuchtung. Prüfe Räum- und Streutechnik, Bremsen, Beleuchtung, rutschfeste Auf- und Abstiege. Lege Stop-Kriterien fest, zum Beispiel bei Blitzeis, bei Sicht unter eurem Mindestwert oder wenn eine Strecke zur „Rutschbahn" wird. In die GBU gehören Maßnahmen gegen Auskühlung und Überlastung: Schichtlängen anpassen, beheizbare Pausenpunkte vereinbaren, warme Getränke bereitstellen, trockene Wechselkleidung und rutschhemmende Schuhe vorhalten. Auch im Winter gilt Sonne als Thema: klare Regeln für UV-Index, Pausen im Wärmebereich und die Anweisung, feuchte Kleidung konsequent zu wechseln. Wenn Licht fehlt, organisierst du zusätzliche Beleuchtung am Fahrzeug oder mobile Lichtquellen – Sehen und gesehen werden ist hier die halbe Sicherheit. Unterweise das alles kurz am Depot: Wer prüft was, wohin wird gemeldet, wann wird gestoppt.

Grünpflege

Bei Mähen, Schneiden und Freischneiden regelst du Lärm, Wurf, Verkehr, Biostoffe und UV/Hitze. Das bedeutet konkret: Arbeitsstellen absperren oder Einweiser einsetzen, Mindestabstände bei Freischneiderarbeiten durchsetzen, Schutzscheiben und Fangvorrichtungen intakt halten, Wege für Dritte freihalten. PSA ist nicht verhandelbar: Augen- und Gesichtsschutz, Gehörschutz, feste Schutzschuhe, je nach Werkzeug Bein- und Schnittschutz. Beim Entsorgen, Blasen und Kehrgutaufnehmen arbeitest du staub- und spritzarm und hältst die Hygieneregeln ein (Hände waschen, Wechselzonen nutzen). In die Unterweisung gehört auch das „Warum" der PSA: Sie ist die letzte Stufe nach Vermeiden, Technik und Organisation – aber ohne sie bleibt ein unnötiges Restrisiko. Sprich den Alltag offen an: Viele ziehen PSA nicht an, wenn niemand hinschaut.

Mach klar, dass sie nicht „für den Chef", sondern für die eigene Gesundheit da ist.

Werkstatt – Holzstaub

Holzarbeiten fallen auf dem Bauhof oft nebenbei an: Regale, Reparaturen, Zaunelemente, Einbauten. Genau dort greift die aktualisierte Holzstaub-Regel. Holzstaub ist gesundheitlich relevant – Expositionen müssen niedrig gehalten werden. Plane staubarme Verfahren und sichere Absaugung direkt an der Maschine, schreibe die Reinigung ohne Aufwirbeln fest (kein Abblasen mit Druckluft), reguliere die Entsorgung geordnet und nutze Mess- oder Abschätzkonzepte, wenn die Exposition nicht klar ist. Unterweise kurz, aber präzise: Wo entsteht Staub, wie prüfe ich die Absaugung vor Arbeitsbeginn, wie reinige ich richtig, welche PSA setze ich an Reststellen ein. Halte in deiner GBU fest, dass bestimmte Holzstäube mit erhöhten Gesundheitsrisiken verbunden sind – dazu gehört das Bewusstsein, dass langfristige Belastung bis hin zu Nasenkrebs führen kann. Prüfe die GBU jährlich oder bei Änderungen und dokumentiere Anpassungen sichtbar.

Schächte, Kanäle, umschlossene Räume

Sobald du in Schächten, Kanälen, Becken oder anderen umschlossenen Räumen arbeitest, gilt: Freigabe erst nach Gefährdungsbeurteilung. Erkläre die drei großen Fragen vor jeder Freigabe: Ist die Atmosphäre sicher, ist der Zutritt gesichert, ist die Rettung vorbereitet? Lege Rollen fest (Aufsicht, Sicherung, Retter), prüfe Ausrüstung (Gaswarntechnik mit geprüften Sensoren, geeignete Beleuchtung, Belüftung, Absturz- und Rettungsmittel), sichere Kommunikation (Funk/Telefon mit Empfangstest) und übe den Rettungsplan realistisch. Unterweise das Team einmal pro Jahr und vor besonderen Einsätzen – keine Arbeit ohne Sicherung und Rettungsbereitschaft. Freimessen, Gaswarngeräte bedienen, belüften, retten: Das gehört nicht nur auf Papier, sondern wird in kurzen Übungen regelmäßig trainiert. Freigaben, Prüffristen der Geräte und Übungen dokumentierst du knapp, aber sauber.

Alleinarbeit

Alleinarbeit ist nicht grundsätzlich verboten, aber bei gefährlichen Tätigkeiten brauchst du zusätzliche technische und organisatorische Schutzmaßnahmen. Frage dich: Was passiert, wenn etwas schiefgeht – und wie wird Hilfe rechtzeitig ausgelöst? Nutze Personennotsignale, festgelegte Meldeintervalle, Kamera- oder Zutrittskontrollen. Wenn das Risiko es erfordert, gilt Doppelbesetzung. Lege in der GBU verbindlich fest, welche Tätigkeiten nicht allein durchgeführt werden dürfen (z. B. Schachtarbeiten, Arbeiten mit erhöhtem Absturzrisiko, Tätigkeiten mit bestimmten Gefahrstoffen). Eine einfache, klare Regel hat sich bewährt: Spätestens alle 30 Minuten muss ein lebendiges Lebenszeichen eintreffen – automatisch über Personen-Notsignal-Apps oder manuell per definiertem Check-in. Bleibt es aus, startet die Eskalation.

Schneid- und Mähgeräte: Trimmer, Rasenmäher, Kettensäge

Rotierende Schneidwerkzeuge bringen ein bekanntes Bündel an Risiken: Wurf und Fang, Schnittverletzungen, Lärm und Vibration, Stolpern beim Rangieren sowie Dritte im Gefahrenbereich. Unterweise am Gerät: Schutzorgane zeigen (Haube, Fangmesser, Fadenmesser), Start/Stop-Prozedur, Messer- und Fadenwechsel, sichere Körper- und Fußpositionen, Mindestabstände und Absperrung. Lege fest, wann Einweiser oder ein Absperrkonzept verpflichtend sind (Randstreifen an Straßen, Spielplätze, Zuschauer). Für Kettensägen sind die Anforderungen strenger: nur qualifizierte Personen mit passender Ausbildung, 2-Personen-Regel bei kritischen Arbeiten, vollständige Schnittschutz-PSA (Schutzhelm mit Gesichtsschutz und Gehörschutz, Schnittschutzhose, Sicherheitsschuh mit Schnittschutz, Handschuhe), sichere Start- und Schnitttechniken, Kickback-Vermeidung, Kettenbremse, Vor-Ort-Wartung. Bei Baum- oder Höhenarbeiten adressierst du außerdem Absturzschutz, Rettung und Verkehrsabsicherung. Und noch ein Grundsatz, der nicht oft genug gesagt werden kann: Sicherheits- oder Schutzeinrichtungen werden nicht manipuliert – nie. Jede Manipulation ist eine Einladung zum Unfall.

Sichtbarkeit – scheinbar banal, tatsächlich entscheidend

Warnwesten bringen nur etwas, wenn sie über der Kleidung getragen und geschlossen sind. Das ist kein Formalismus, sondern entscheidend für Erkennbarkeit in Bewegung, im Dämmerlicht und bei schlechtem Wetter. Achte auf die richtige Klasse der Warnkleidung für die Tätigkeit und die Umgebung.

So bringst du die Spezialfälle Schritt für Schritt in die GBU

1. Aufgabe konkret beschreiben, damit alle vom Gleichen sprechen. Beispiele: Winterdienst Innenstadt 04–10 Uhr, Grünpflege Park – Freischneider/Mäher, Werkstatt – Zuschnitt/Schleifen, Schachtfreigabe Pumpensumpf, Baumschnitt mit Kettensäge an Straße XY.
2. Gefahren und Belastungen benennen: Wetter/UV, Wurf/Schnitt, Staub, Biokontakt, Enge/Absturz, Verkehr, Lärm/Vibration, Heben/Tragen, unklare Sicht.
3. Bewertungsmaßstab wählen: Grenzwert/Risiko bei Gefahrstoffen, Schutzstufe bei Biostoffen, Vorgaben für Arbeit im Freien, Freigabekriterien bei umschlossenen Räumen, verkehrs- und lärmbezogene Anforderungen.
4. Maßnahmen nach STOP festlegen – realistisch, mit Namen und Termin: vermeiden/ersetzen, technisch sichern, organisatorisch regeln, PSA richtig auswählen und anwenden.
5. Unterweisen am Ort der Arbeit: zeigen, nachmachen lassen, Verständnis abfragen. Ein zehnminütiger Praxisblock schlägt jede Folienstunde.
6. Wirksamkeit prüfen: kurze Toolbox, Begehung, kleine Kennzahlen (z. B. gemeldete Beinaheereignisse, PSA-Compliance, UV-Index-Nutzung), dann nachschärfen.

Wenn du so vorgehst, bleiben auch die kniffligen Bauhof-Einsätze beherrschbar. Du planst vorausschauend, sicherst fokussiert und sorgst dafür, dass alle wissen, was sie tun – und warum. Das senkt Unfälle, verhindert Ausfälle und macht euch in jeder Begehung souverän.

Praxistipp

Spezialfälle sicher im Griff: Winterdienst, Grünpflege, Werkstatt/Holzstaub, Schächte/Alleinarbeit, Schneid-/Mähgeräte

Spezialfälle löst du mit derselben Logik, aber mit spitzem Stift in der Praxis: Im Winterdienst planst du wettergeführt, definierst Stop-Kriterien (Blitzeis, Sicht), schützt vor Auskühlung und überfordernden Schichtlängen; zusätzlich regelst du Beleuchtung und rutschfeste Auf-/Abstiege. In der Grünpflege sicherst du Wurf, Lärm/Vibration, Verkehr und Biokontakt, setzt Mindestabstände und Einweiser durch und verankerst PSA mit nachvollziehbarer Begründung (auch wenn „keiner hinsieht"). In der Werkstatt senkst du Holzstaub an der Quelle (Absaugung, keine Druckluft), organisierst staubarme Reinigung und hältst dir Mess-/Abschätzpfade offen; Holzstaub als Krebsrisiko ist benannt. In Schächten und umschlossenen Räumen gilt Freigabe erst nach Beurteilung: Atmosphärencheck, Rollen (Aufsicht/Sicherung/Rettung), Gaswarnung, Lüftung, Kommunikation, Rettungsübung – keine Arbeit ohne Rettungsbereitschaft. Bei Trimmer, Mäher und Kettensäge führst du Gerät, Schutzorgane, Start/Stop, Körperposition, Absperrung und Qualifikation (Säge) zusammen; Manipulation von Schutzeinrichtungen ist ausgeschlossen. Verantwortlichkeiten und Termine stehen bei jeder Maßnahme, Wirkung prüfst du per Toolbox und Kurzbegehung.

Praxis-Fallbeispiele (Casefiles)

Casefile 1: Winterdienst auf dem Innenstadtring (04:00–10:00 Uhr)

Ausgangslage

Zwei Kommunalfahrzeuge mit Räum- und Streuaufsatz, eine Begleitkolonne für Rad- und Gehwege. Engstellen durch parkende Fahrzeuge, Lieferzonen, Baustellenübergänge. Wetter: leichter Schneefall, Glättegefahr, Sicht schwankend. Hoher Zeitdruck vor Berufsverkehr, gleichzeitig erhöhtes Unfallrisiko.

GBU-Ausschnitt

Ressourcen: technisch intakte Räum- und Streueinrichtungen, Zusatzbeleuchtung, rutschfeste Auf-/Abstiege, Funk, Ersatzhandschuhe/Wechselkleidung im Fahrzeug, beheizbarer Pausenpunkt, zusätzliche mobile Leuchten für Dunkelzonen.

Gefahren: Rutschen/Sturz (Fahrzeug und zu Fuß), An- und Einfahren durch Dritte, schlechte Sicht, Kältebelastung, Handschuhverlust beim Ketten- oder Messertausch, Quetschgefahr an Hydraulik.

Belastungen: Zeitdruck, frühe Einsatzzeit, aggressive Verkehrssituationen, Kältestress.

STOP-Maßnahmen

Vermeiden/ersetzen: nachtaktive Engstellen nach Möglichkeit meiden oder sperren; alternative Routen, wo möglich.

Technisch: Zusatzscheinwerfer, Rückfahrkamera und Warnton, rutschfeste Trittflächen, gelbe Blitzleuchten, Streubild kalibrieren, Scheibenheizung/Heckscheibenheizung aktiv. Spikes-/Rutschschutzüberzieher für Fußwege.

Organisatorisch: Schichtfenster vor Berufsverkehr fertigstellen; Briefing zu Sicht- und Stop-Kriterien (Blitzeis, Sicht < festgelegter Mindestwert); Funkcheck; Pausen im Wärmebereich; klare Handzeichen/Einweiser an Engstellen; eine Reservezeit für unvorhergesehene Sperrungen einplanen.

PSA: Warnkleidung Klasse 3, Kälteschutz in Schichten, rutschhemmendes Schuhwerk, wasserdichte Handschuhe plus Ersatzpaar, Kopfschutz/Helm mit Sichtschutz bei manuellem Eingriff.

Unterweisungs-Mini (am Depot, 8 Minuten)

1 Minute: Wetter/UV-Index, Routenänderungen, Engstellen.

2 Minuten: Stop-Kriterien (Blitzeis, Sicht, Unfallstelle).

3 Minuten: sichere Auf-/Abstiege, Ketten/Messerwechsel, Handzeichen.

2 Minuten: Verhalten bei aggressiven Dritten und Meldekette.

Wirksamkeitscheck

Kennzahlen: gemeldete Beinaheereignisse/Schicht, „heiße Stellen" auf Route, Einhaltung Stop-Kriterien, PSA-Compliance. Stichprobe: zwei Wochen später Dunkelzonen erneut prüfen, ggf. zusätzliche mobile Leuchten einsetzen. Ergebnis dokumentieren (Einseiter „Winterdienst – Wirksamkeit").

Casefile 2: Grünpflege im Stadtpark – Freischneider und Mäher

Ausgangslage

Freischneider-Kolonne entlang von Wegen und Rasenflächen; Publikumsverkehr, Kinderwagen, Hundeführer. Witterung: sonnig, später schwül; Pollenbelastung erwartbar.

GBU-Ausschnitt

Ressourcen: Absperrband/Leitkegel, „Arbeiten – bitte Abstand"-Schilder, Ersatzfaden/Messer, Schutzscheiben/Fangvorrichtungen, Trinkwasser, Schattenpunkt, Repellent, Erste-Hilfe-Set.

Gefahren: Wurf/Fang, Schnittverletzungen, Lärm/Vibration, Stolpern, Exposition gegenüber Pollen/Vogelkot/Schimmel, Verkehr an Parkrändern.

Belastungen: Hitze/UV, Publikum, Zeitfenster durch Ruhezeiten.

STOP-Maßnahmen

Vermeiden/ersetzen: messerschonende Schnittplanung; kritische Bereiche frühmorgens, pollenarm.

Technisch: intakte Schutzscheiben/Fangvorrichtungen, Funktionscheck Stopp-Schalter, Lärmreduziertes Werkzeug; Markierung der Arbeitszone durch Kegel.

Organisatorisch: Mindestabstände (z. B. 15 m Freischneider), Einweiser an Kreuzungen, Absperrungen an Spielplätzen, kurze Schattenpausen, klare Signale beim Gerätewechsel.

PSA: Gehörschutz, Augen-/Gesichtsschutz, Handschutz, feste Schutzschuhe, je nach Werkzeug Bein-/Schnittschutz; bedeckende leichte Kleidung, Sonnenbrille, Sonnenschutz; Repellent bei Mückenhotspots.

Unterweisungs-Mini (am Startpunkt, 7 Minuten)

Zonenabgrenzung und Abstände; „Stopp, wenn Personen in Zone"; PSA-Check; UV-Regeln (Schichtfenster/Schatten/Trinkpunkte); Handschuhe kontaminationsfrei ausziehen nach Kontakt mit Vogelkot oder Schimmel (Demonstration mit Wasserfarbe).

Wirksamkeitscheck

Beobachtung: Einhaltung Abstände/Absperrungen; PSA-Tragequote; Meldungen zu Wurfereignissen. Nachsteuern: zusätzliche Kegel, andere Reihenfolge bei hoher Frequentierung, Zusatzschatten. Dokumentation im Einseiter „Grünpflege – Wirksamkeit".

Casefile 3: Werkstatt Holz/Metall – Tischkreissäge und Ständerbohrmaschine

Ausgangslage

Kleinteilige Holz- und Metallarbeiten „nebenbei": Zuschnitt, bohren, schleifen. Staubentwicklung, rotierende Teile, wechselnde Nutzer.

GBU-Ausschnitt

Ressourcen: Absaugung direkt an der Tischkreissäge, Staubklasse-M-Entstauber, Spanpinsel, Maschinenschraubstock/Niederhalter, Not-Halt geprüft, Werkzeugfreigabe, Haut-/Handschutzplan, LOTO-Schloss und Anhänger.

Gefahren: Holzstaub (Langzeitrisiko, u. a. Nasenschleimhautkrebs), rotierende Teile (Einzug), Splitter, Lärm; elektrisches Risiko; falsche Reinigung (Druckluft).

Belastungen: Zeitdruck, „mal schnell" ohne Absaugung, Routinefehler.

STOP-Maßnahmen

Vermeiden/ersetzen: staubarme Blätter, vorgeschnittene Halbzeuge.

Technisch: Absaugung an, Haube geschlossen, Not-Halt getestet; Bohrmaschine mit korrekt eingestelltem Tiefenanschlag.

Organisatorisch: keine Handschuhe an rotierenden Teilen; Werkstück immer spannen; Reinigung nur mit Entstauber/Spanpinsel; LOTO bei Eingriffen; Werkzeugwechsel nur stromlos; Freigabekarte am Gerät.

PSA: Schutzbrille, Gehörschutz; Atemschutz nur als Restmaßnahme bei definierter Restexposition; enganliegende Kleidung, Haare gebunden, kein Schmuck.

Begründung „keine Handschuhe an rotierenden Teilen"

Rotierende Teile erzeugen Einzugskräfte. Handschuhe bieten Haftflächen – werden sie erfasst, zieht die Maschine die Hand in Millisekunden ein. Ergebnis: schwere Quetsch- und Abrissverletzungen. Sicher ist: spannen statt halten, Späne mit Pinsel, Ärmel eng, Not-Halt vorher testen.

Unterweisungs-Mini (an der Maschine, 10 Minuten)

Absaug-Check/Haube/Not-Halt; Bohrstück spannen; Demonstration „Handschuh-Einzug“ mit Stoffstreifen; Reinigung „ohne Druckluft“.

Wirksamkeitscheck

Messpunkt: Staubabscheidung (Sicht-/Geruchsprobe, Filterwechsel-Intervall), PSA-Tragequote, Maschinensperrungen bei Mängeln, Beinaheereignisse. Nachsteuern: Sperren bis Reparatur, zusätzliche Hauben-Schulung, Ersatzpinsel sichtbar auslegen.

Casefile 4: Abwasser/Schacht – Einstieg in den Pumpensumpf

Ausgangslage

Verstopfung im Pumpensumpf; Einstieg über Schacht; enge Platzverhältnisse; Gasbildung möglich (H2S/CH4), Sauerstoffmangel.

GBU-Ausschnitt

Ressourcen: Freigabeformular, Viergas-Messgerät kalibriert, Belüfter, Dreibock/Winch, Auffanggurt, Rettungsplan, Funk mit Reichweitentest, Absperrung Straße/Platz, Beleuchtung.

Gefahren: Sauerstoffmangel, toxische/explosive Gase, Absturz/Ertrinken, Elektrik/Feuchtigkeit, Alleinarbeit, Verkehr.

Belastungen: mentale Anspannung, Zeitdruck bei Störung.

STOP-Maßnahmen

Vermeiden/ersetzen: Spülen/jetten ohne Einstieg, wenn möglich.

Technisch: Freimessen (O2, CH4, H2S, CO); Belüften bis sichere Werte; Dreibock/Rettungswinde montiert; elektrischen Teil freischalten/LOTO; rutschfeste Tritte, spritzfeste Beleuchtung.

Organisatorisch: Erlaubnisschein; Rollen (Aufsicht oben, Sicherung, Retter); Funkcheck; Rettungsübung geübt; Absperrung/Verkehrssicherung.

PSA: Auffanggurt mit Kurzsicherung, Helm mit Visier, Chemikalien-Handschutz, ggf. Spritzschutz, Sicherheitsschuhe; Atemschutz nur nach vorheriger Bewertung und Unterweisung.

Unterweisungs-Mini (am Schacht, 12 Minuten)

Freigabe-Checkliste; Freimessen live; Belüftung; Notrufkette; Rettung an der Winde; Abbruchkriterien (Gasalarm, O2-Abfall, Funkstille).

Wirksamkeitscheck

Dokumente: lückenloser Erlaubnisschein, Gaslog, Rettungsübung < 12 Monate. Beobachtung: Funkqualität, Rollenbesetzung, Belüftungszeit tatsächlich eingehalten. Nachsteuern: andere Antennenposition, kürzere Belüftungsintervalle, zusätzliche Einweisung.

Casefile 5: Baustelle im Verkehr – Fahrbahnquerung, Tagesbaustelle

Ausgangslage

leinreparatur an Querungshilfe; zwei Fahrzeuge, Materialdepot, Arbeitsstelle von kurzer Dauer; dichter Verkehr, unübersichtliche Kurvenlage.

GBU-Ausschnitt

Ressourcen: Absicherungs-Set (Leitkegel, Faltsignale, Warnleuchten), Plan der Absperrmaße, Warnkleidung Klasse 3, Einweiser, mobile Ampel/Stop-Kelle, Kommunikationsplan, Rettungszufahrt.

Gefahren: Überfahren werden, Rückstau, Ablenkung der Verkehrsteilnehmenden, Aggression, Stolpern an Bordsteinen, Lärm, Wetter/UV.

Belastungen: Hektik, Blick in beide Richtungen, Interaktion mit Bürgern.

STOP-Maßnahmen

Vermeiden/ersetzen: Vollsperrung/Umleitung prüfen; wenn nicht möglich, sichere Teilsperrung mit Mindestmaßen.

Technisch: klare Vorwarnung, Taper, Schutz gegen rückwärtigen Verkehr, beleuchtete Leitkegel bei Dämmerung, mobile Ampel bei Bedarf.

Organisatorisch: Einweiser mit Funk, Aufgabenverteilung, „Stopp-Signal“ intern festlegen, Deeskalationssatz bei Aggression, definiertes Auslass-/Einlass-Fenster für Material.

PSA: Warnkleidung Klasse 3, Sicherheitsschuhe, ggf. Gehörschutz, UV-Kleidung/Brille, Handschutz.

Unterweisungs-Mini (am Rand, 8 Minuten)

Absperrung aufbauen; Einweiserrollen; Not- und Ausweichwege; Umgang mit aggressiven Verkehrsteilnehmenden (nicht diskutieren, Meldekette).

Wirksamkeitscheck

Zwei Stichproben innerhalb von 10 Tagen: stimmen Maße/Leitkegel, Einweiser auf Position, PSA sichtbar geschlossen. Kennzahl: Beinaheereignisse/Schicht, Störungen. Nachsteuern: andere Konfiguration, Zusatzpersonal zu Stoßzeiten.

Casefile 6: Gefahrstoff-Bestand – Kernbohrung in Altbauwand (Asbest/PAK-Verdacht)

Ausgangslage

Kernbohrung 80 mm für neues Geländer in Wand Baujahr vor 1995. Untergrund unklar (Putz/Spachtel/Fliesenkleber). Nutzung in Schule; sensibler Bereich, Staub darf nicht in angrenzende Räume.

GBU-Ausschnitt

Ressourcen: Freigabeprozess „erst prüfen, dann arbeiten“, Probenahme-Kontakt, staubarmes Bohrsystem mit Absaugstutzen und Wasserzufuhr, Folien/Unterdruckgerät, Absperrung, gekennzeichnete Abfallbehälter, Ersatz-HEPA-Filter, Einwegschutzkleidung.

Gefahren: Faser-/Staubfreisetzung (Asbest, KMF), PAK-Staub, psychische Belastung (Unsicherheit), Publikum (Schule), Reinigung/ Entsorgung.

Belastungen: Zeitfenster Ferien/Feierabend, Öffentlichkeitsdruck.

STOP-Maßnahmen

Vermeiden/ersetzen: alternative Befestigung ohne Bohrung prüfen (chemische Dübel in geprüftem Bereich, Klebelösungen), wenn statisch zulässig.

Technisch: Einhausung mit Unterdruck, staubarmes Nassbohren, Absaugung direkt an der Krone, Wege mit Folie, HEPA-Sauger, Luftreiniger.

Organisatorisch: Freigabe erst nach Probe/Analyse oder konservativ hoher Schutzstufe; Zugang sperren, Reinigung mit HEPA-Sauger/feucht; Entsorgungsweg festlegen; Kommunikationsplan mit Schulleitung (Transparenz).

PSA: Partikelfiltrierender Atemschutz je nach Schutzstufe, Einwegschutzkleidung, Handschutz, Augenschutz.

Unterweisungs-Mini (vor Ort, 10 Minuten)

Einhausung/Unterdruck aufbauen; Absaug-Bohrkrone korrekt anschließen; Abbruchkriterien (Geruch, Mehrstaub, Einhausungsleck); sauberes Ausziehen Schutzkleidung; Abfall dicht verpacken/kennzeichnen.

Wirksamkeitscheck

Partikelmessung innerhalb/außerhalb der Einhausung (Sichtprüfung + ggf. Messgerät), HEPA-Filterwechsel dokumentiert, Abfallnachweis vollständig, Reinigung feucht/HEPA bestätigt. Nachsteuern: zusätzliche Dichtungen, längere Unterdruckphase, Termin in schulfreier Zeit.

Asbest im Bestand: risikobezogen bewerten, sicher freigeben, sauber dokumentieren

Im Bauhof begegnen dir die „klassischen" Bestands-Schadstoffe nicht im Regal, sondern dort, wo ihr bohrt, fräst, schleift, demontiert, befestigt oder Öffnungen herstellt: Asbest in Putzen, Spachtelmassen, Fliesenklebern und Platten, PAK in alten Belägen und Bitumenprodukten, PCB in Fugenmassen und Elektrobauteilen, Holzschutzmittel wie DDT/Lindan in Balken und Paneelen, Blei in alten Anstrichen und Leitungen, KMF in Dämmstoffen. Die Tücke: Viele dieser Stoffe wirken langfristig. Erkrankungen treten oft erst nach Jahren oder Jahrzehnten auf. Das heißt für dich: Prävention ist die einzige sinnvolle Strategie – Verdacht ernst nehmen, klären, staubarm arbeiten oder gar nicht, solange nichts geklärt ist.

Risikobezogen denken – was das im Alltag heißt

Du fragst nicht nur „Asbest ja/nein?", sondern bewertest die konkrete Tätigkeit: Kommt es bei der geplanten Arbeit zur Faser- oder Schadstofffreisetzung? Wie hoch, wie lange, wie nah am Menschen? Ziel ist immer, Freisetzung zu vermeiden – durch Erkennen und Vermeiden, staubarme Verfahren, Kapseln und Absaugen, Befeuchten, kurze Wege, Einhausungen und – wenn nötig – spezialisierte Fachbetriebe. Für Asbest ist das risikobezogene Vorgehen inzwischen klar verankert. Solange einzelne Detailregeln noch angepasst werden, nutzt du die Überleitung zur Asbest-Regel als Leitplanke. Recycelte Baustoffe oder Schüttungen mit möglichem Asbest fallen zusätzlich unter ein modulares Sachkundekonzept – das betrifft dich, wenn ihr solche Materialien bearbeitet, transportiert oder einbaut.

Typische Bauhof-Schnittstellen

Kernbohrungen für Schilder und Geländer, Demontage alter Fassaden- oder Dachplatten, Öffnen alter Bodenaufbauten, Arbeiten an Rohrleitungen und Schächten, Rückbau in Betriebsgebäuden, Umgang mit verdächtigen Abfällen (z. B. Vinyl-Asbestplatten, asbesthaltige Formteile), An- und Umbauten in Schulen, Kitas, Sporthallen oder Werkhöfen. Je nach Baujahr, Bauart und Material können diese Tätigkeiten Fasern oder Schadstoffe freisetzen – oder auch nicht. Deine Freigabe entscheidet.

So gehst du Schritt für Schritt vor – schlank und sicher

Erstens: Verdacht klären

Vor Beginn prüfst du Baujahr, Bauteil, Material, Umbauhistorie und sichtbare Hinweise. Bei Verdacht gilt: erst prüfen, dann arbeiten. Entweder wählst du ein Verfahren, das sicher keine Freisetzung verursacht (z. B. Kleben statt Bohren), oder du lässt sachkundig Proben nehmen und im akkreditierten Labor analysieren. Erst wenn klar ist, womit ihr es zu tun habt, gibst du frei – oder du beauftragst spezialisierte Unternehmen.

Zweitens: Tätigkeit risikobezogen planen

Kann eine Freisetzung vorkommen, planst du so, dass sie möglichst ausbleibt: staubarmes Bohren/Fräsen mit Absaugung und Befeuchtung, Einhausung des Arbeitsbereichs, Unterdruck/Luftführung mit geeigneten Filtern, Wege kurz halten, Flächen abdecken, getrennte Bereiche „sauber/schmutzig“ festlegen, Zutritt sperren. Sind diese Bedingungen nicht sicher herstellbar, gibt es keine Freigabe.

Drittens: Sachkunde und Zuständigkeiten festlegen

Asbest- und andere Bestands-Schadstofftätigkeiten verlangen Fachkunde. Entweder ist sie bei dir vorhanden (nachweisbare Sachkunde und aktuelle Unterweisung), oder du holst sie dir über Sifa, Betriebsarzt, Fachbetriebe oder externe Sachkundige. Für mineralische Rohstoffe und Erzeugnisse mit möglichem Asbest planst du das modulare Sachkundesystem ein. Lege schriftlich fest: Wer beurteilt, wer gibt frei, wer stoppt.

Viertens: Durchführung sichern – keine Experimente

Vor Ort gilt: staubarm arbeiten, Absaugung/Befeuchtung vor Start prüfen, geeignete PSA bereitstellen und korrekt nutzen (je nach Verfahren partikelfiltrierende Atemschutzmasken, Einwegschutzkleidung, Augenschutz, Handschuhe), Materialreste sofort binden, dicht verpacken, gekennzeichnet sammeln und ordnungsgemäß entsorgen. Unterweise kurz und konkret: Was ist heute anders, woran erkennt man Probleme (ungewöhnlicher Staub, Materialbruch, unerwartete Schichten), wann wird sofort gestoppt und wen informiert man.

Fünftens: Wirksamkeit prüfen und dokumentieren

Nach dem Einsatz kontrollierst du Arbeitsstelle, Verpackungen, Kennzeichnung und Übergabe zur Entsorgung. Du dokumentierst knapp: Tätigkeit, Verdachtslage, Freigabeentscheidung, Schutzmaßnahmen, Unterweisung, Entsorgungsweg, besondere Vorkommnisse. Wiederkehrende Tätigkeiten prüfst du regelmäßig: Bleibt das Vorgehen fasern- und schadstoffarm? Falls nicht, Maßnahmen nachschärfen.

Die „Kopfsache" gehört dazu

Viele Beschäftigte verbinden mit Asbest und Co. Unsicherheit oder Angst. Sprich das offen an. Erkläre, was ihr konkret tut, um Freisetzung zu vermeiden, wie Verdacht geklärt wird und dass ihr im Zweifel stoppt. Mach die Langzeitperspektive deutlich: Die Gefahr kommt oft schleichend – genau deshalb sind staubarme Verfahren und saubere Entsorgung nicht verhandelbar.

Staubarm arbeiten, gesund bleiben – der zweite große Hebel

Bestandstätigkeiten ohne Staubschutz sind ein Gesundheitsrisiko – nicht nur wegen Asbest. Quarzstaub, Gipsstaub, Holzstaub, Blei- oder Schwermetallstäube gelangen – je nach Partikelgröße – bis in die Lungenbläschen. Feine Partikel bleiben lange in der Luft; sie sinken extrem langsam ab. Wer jahrelang staubig arbeitet, riskiert chronische Bronchitis, Lungenemphysem, Silikose; bei bestimmten Stäuben steigt das Krebsrisiko (z. B. Nasenschleimhautkrebs bei Holzstäuben). Der Grundsatz lautet: Staub gar nicht erst entstehen lassen – und wenn doch, sofort an der Quelle erfassen.

Dein staubarmes Maßnahmenpaket in der Praxis

1. Niedrig staubende Produkte und Verfahren bevorzugen: vorgemischte oder staubarm behandelte Produkte, Granulate; Nass- oder Feuchtbearbeitung statt trockenem Trennen.
2. Staub an der Entstehungsstelle absaugen: passende Bau-Entstauber, Absaugbohrer, Vorabscheider; Luftreiniger dort einsetzen, wo es sinnvoll ist.
3. Luftführung und Lüftung: belastete Luft filtern und Frischluft zuführen; bei Außenarbeiten Staub mit Wasser binden (Befeuchten).
4. Maschinen und Absauger warten: Filterzustand, Dichtungen und Volumenströme regelmäßig prüfen; nur so bleibt die Wirkung erhalten.
5. Richtig reinigen: Staubklasse-M-Entstauber einsetzen; nicht kehren und nicht mit Druckluft abblasen – beides wirbelt Feinstaub auf.
6. Transport und Entsorgung: staubdicht verpacken, geschlossene Behälter nutzen, Sackware möglichst vermeiden oder staubarm handhaben.
7. PSA nur als letzte Stufe: Wenn Technik und Organisation nicht reichen, Atemschutz mit geeigneter Filterklasse einsetzen; Kleidung getrennt von Privatkleidung aufbewahren oder Einwegschutz wählen; Haut regelmäßig waschen bzw. duschen.

8. Nichtrauchen am Arbeitsort: Tabakrauch potenziert Lungenrisiken; der Verzicht ist ein wesentlicher Schutzfaktor.
9. Fördermöglichkeiten nutzen: Staubmindernde Geräte und Luftreiniger werden in der Regel gefördert – informiere dich über aktuelle Programme deiner Unfallversicherung.

Konkrete Zusatzpunkte für deine Unterweisung

Etiketten lesen, nie mischen: saure Reiniger und chlorhaltige Mittel zusammen können giftige Gase bilden – getrennt lagern, Reihenfolge festlegen, bei ungeklärtem Geruch sofort stoppen und lüften.

Saubere Wege: „Sauber" und „schmutzig" trennen, Wechselmöglichkeiten bereitstellen, Hände vor Pausen und Schichtende reinigen, Schutzkleidung nicht im Aufenthaltsraum lagern.

Bild zeigt mehr als Worte: Nutze Fotos vom Originalarbeitsplatz, demonstriere Absaugung und Befeuchtung live; lass Handschuhe mit farbigem Wasser „kontrolliert verschmutzen" und korrekt ausziehen – das schafft Aha-Effekte.

Dokumentation – knapp, aber vollständig

Halte fest, was den Unterschied macht: Verdachtslage und Ergebnis der Klärung, Freigabe, Verfahren/Schutzstufe, Unterweisung, eingesetzte Technik (Absaugung, Befeuchtung, Einhausung), PSA, Entsorgungsweg, Auffälligkeiten. Mehr braucht es nicht – aber weniger auch nicht.

Mit dieser Linie erkennst du typische Bauhof-Schnittstellen früh, klärst den Verdacht, planst risikobezogen, setzt sachkundig um und hältst die Spur in der Dokumentation. So schützt du deine Leute und Dritte zuverlässig – und erfüllst die aktuellen Anforderungen, ohne Umwege und ohne Bürokratieballast.

Praxistipp

Bestandsstoffe risikobezogen: Asbest, PAK, PCB, DDT/Lindan, Blei, KMF

Im Bestand zählt Risikobewertung statt Bauchgefühl: Du klärst Verdacht (Baujahr, Bauteil, Material, Umbauhistorie), stoppst Arbeiten bis zur Klärung, planst staubarm (Absaugung, Befeuchtung, Einhausung, kurze Wege) und beauftragst Fachkunde, wenn nötig. Für Asbest folgst du dem risikobezogenen Konzept; bis alle Detailregeln angepasst sind, nutzt du die Überleitung zur Asbest-Regel als Leitplanke. Für mineralische Rohstoffe/Erzeugnisse mit Asbestbezug greift modulare Sachkunde. Durchführung: keine Experimente vor Ort, PSA passend, Reste dicht verpacken und korrekt entsorgen, Unterweisung mit Stop-Regeln und „Kopfsache" (Unsicherheit/Angst) adressieren. Wirksamkeitskontrolle und Dokumentation bleiben schlank, aber vollständig: Verdachtslage, Freigabe, Maßnahme, Unterweisung, Entsorgung, Auffälligkeiten. Der Dreiklang hilft: Ressourcen (Einhausung, Absaugung, Fachfirma), Gefahren (Freisetzung), Belastungen (körperlich/psychisch) – so bleibt die GBU tragfähig.

Wetter & UV im GBU-Raster: was du planst, was du bereitstellst, was du kontrollierst

Die Sonne ist seit den Ozonloch-Jahren der 80er kein verlässlicher Freund mehr – und Unwetter, Starkregen, Sturm, Hitzewellen oder Eisregen gehören inzwischen zur normalen Einsatzplanung. Darum ist Wetter kein „Hinweis", sondern ein fester Baustein deiner Gefährdungsbeurteilung und Tagessteuerung. Ziel ist immer gleich: planen, Spitzen vermeiden, Schutz bereitstellen, Stop-Regeln festlegen – und das Ganze kurz, sichtbar und wirksam in den Alltag bringen.

Planen

Du verankerst Wetter und UV-Index im Start der Schicht. Vorher sagt dir die Vorhersage, wie ihr die Arbeit zuschneidet: Schichtfenster vorziehen, Mittagsspitzen meiden, Gewitterfronten berücksichtigen. Der UV-Index dient als Tagesampel: Ab mittleren Werten startest du grundlegende Maßnahmen (Schatten, Kleidung, Sonnencreme, Trinkregeln), bei sehr hohen Werten kommen zusätzliche personengebundene Maßnahmen dazu. Für kalte, nasse Tage planst du Aufwärmzeiten, trockene Wechselkleidung, rutschhemmende Wege und sichere Beleuchtung. Für windanfällige Tätigkeiten definierst du Grenzen (z. B. für Hubarbeitsbühnen oder großflächige Bauteile); bei Sturm, Gewitter oder unzumutbarer Hitze/Kälte gilt Stop oder Verlegung.

Bereitstellen

Für die warme Saison legst du im Voraus fest, wo Verschattung und Unterstände verfügbar sind (Sonnensegel, mobile Pavillons, schattige Pausenplätze), wo Trinkwasser steht (Zapfstellen, Kanister, Kühlboxen) und welche Kleidung gilt (leichte, bedeckende Kleidung, Kopfbedeckung mit Nackenschutz, Sonnenbrille mit UV-Filter, geeignete Sonnenschutzmittel). Für die kalte Saison stehen wind- und wasserdichte Oberbekleidung, wärmende Schichten, rutschhemmende Schuhe und beheizbare Aufenthaltsbereiche bereit. In der Halle und im Büro achtest du auf ein zweckmäßiges Temperaturniveau: Im Bürobereich um die 21 Grad, in Werk- und Hallenbereichen für körperliche Arbeit spürbar kühler, aber noch komfortabel – so, dass Konzentration und Sicherheit erhalten bleiben.

Unterweisen

Zur Saisoneröffnung erläuterst du kurz, wie ihr mit Hitze, Kälte, Wind, Regen und UV umgeht: Was bedeutet der UV-Index für eure Planung, wo stehen Schatten und Wasser, wie werden Pausen gelegt, welche Kleidung gilt, wann wird gestoppt. Das ist eine zehnminütige Unterweisung am Einsatzort; an heißen Tagen reicht eine Toolbox-Minute als Erinnerung. Wichtig: Auch Wintersonne ist UV – Schutz bleibt Thema.

Arbeitsmedizinisch vorbeugen

Für Beschäftigte mit viel Außenzeit bietest du arbeitsmedizinische Vorsorge an. Sie ist Beratung, Hautcheck und Verhaltenstipps – besonders sinnvoll für helle Hauttypen, für Menschen mit früheren Hautschäden und für Teams, die regelmäßig zwischen 10 und 15 Uhr draußen arbeiten. Verknüpfe die Einladung zur Vorsorge mit dem Start deiner Außensaison und erinnere nach einigen Wochen nach – dann bleibt Prävention nicht auf dem Papier.

Klimawandel im Blick

Mit längeren Hitze- und UV-Phasen verlängert sich eure „Sonnen-Saison". Dazu kommen neue Risiken: invasive Stechmücken, längere Pollenzeiten, neue problematische Pflanzen. Ergänze deine Wetter/UV-Spalte deshalb um Insekten- und Allergierisiken. In die Unterweisung gehören dann Stich- und Allergieschutz (lange leichte Kleidung, geeignete Repellents, Verhalten bei Stichen, Notfallinfo bei Allergien). Vegetationsarbeiten terminierst du – wenn möglich – pollenärmer. Bei Hotspots wie Eichenprozessionsspinner, Ambrosia oder Herkulesstaude legst du Sperr-, Reinigungs- und Entsorgungsabläufe vorab fest. So weiß jede Kolonne, was zu tun ist, bevor es kritisch wird.

Kontrollieren

Wichtig ist weniger „ob", sondern „ob es wirkt". Du prüfst einmal wöchentlich mit einer kurzen Runde, ob eure Regeln tragen: Werden Schichten angepasst, werden Schattenplätze genutzt, stehen Wasserstellen tatsächlich bereit, werden Stop-Regeln ernst genommen, sinken Hitzebeschwerden? Dokumentiere knapp, was du geändert hast – nicht für den Ordner, sondern als Lernschleife für die Praxis.

Dein kompakter Maßnahmenkatalog im Überblick

1. Tagessteuerung: Wetter und UV-Index morgens prüfen, Maßnahmen ableiten, am Nachmittag kurz evaluieren.
2. Schichtfenster: früh beginnen, Mittagsspitzen meiden; bei Kälte/Glätte kürzere Intervalle mit Aufwärmpausen.

3. Infrastruktur: Verschattung, Unterstände, Trinkwasser, Beleuchtung, rutschhemmende Wege, sichere Verkehrsführung.
4. Kleidung und PSA: leichte, bedeckende Kleidung, Kopfbedeckung und Sonnenbrille im Sommer; wärmende, wind- und wasserdichte Kleidung im Winter; Handschuhe und rutschhemmende Schuhe je nach Einsatz.
5. Stop-Regeln: klare Kriterien für Gewitter, Sturm, Extremhitze/-kälte; Höhenarbeiten bei kritischem Wind absetzen.
6. Unterweisung: Saisonstart-Unterweisung und Toolbox-Minuten bei Hitze, Sturm oder Kälte.
7. Vorsorge: Angebotsvorsorge bei intensiver UV-Exposition; Hinweis auf Hautschutz- und Pflegepläne.
8. Klimarisiken: Insekten- und Allergieschutz in Unterweisung und Planung aufnehmen; problematische Pflanzen früh melden, Bereiche sperren, Verfahren festlegen.

So bringst du es in die GBU und in die tägliche Steuerung

Erfasse im Abschnitt „Außenarbeit" deiner GBU die Risiken Hitze, Kälte, UV, Wind/Regen, und ordne je Risiko die festen Maßnahmen zu. Hinterlege die Stop-Kriterien, nenne Verantwortliche für die Tagesentscheidung (Vorarbeiter) und verknüpfe das Ganze mit deiner Unterweisung und der Vorsorge. In der Tagespraxis beginnt ihr mit dem Wetter- und UV-Check, ihr legt die Regeln für den Tag fest, ihr kontrolliert am Nachmittag kurz die Wirkung – und ihr passt an. Mit dieser Routine bleiben Wetter- und UV-Risiken beherrschbar, nachvollziehbar und wirksam organisiert.

Praxistipp

Wetter und UV fest im Raster: planen, bereitstellen, kontrollieren

Wetter/UV ist planbares Risiko. Du nutzt Vorhersage und UV-Index täglich, legst Schichtfenster und Stop-Kriterien fest, stellst Verschattung/Unterstände und Trinkwasser bereit, definierst Kleidung und Haut-/Augenschutz und verankerst die Regeln in einer kurzen Saisonunterweisung plus Toolbox-Minuten bei Hitze, Sturm, Kälte. Arbeitsmedizinisch bietest du Angebotsvorsorge bei intensiver UV-Exposition an. Klima-

risiken nimmst du auf: längere UV-Saison, invasive Insekten, problematische Pflanzen, verlängerte Pollenzeiten – inklusive Stich-/Allergieschutz und Sperr-/Reinigungsabläufen für Hotspots. Wirkung misst du pragmatisch (z. B. Hitzebeschwerden, Nutzung von Schatten/Wasser, Compliance mit Stop-Regeln) und passt an. Ressourcen–Gefahren–Belastungen bleiben dein Prüfspiegel: Infrastruktur da, Hauptgefahren entschärft, Belastungen (physisch/psychisch) adressiert.

Arbeitsmittelprüfung und befähigte Personen

Was wirklich zählt (TRBS 1201/1203, Update TRBS 1201-2, DGUV V3/V4, BetrSichV-Anhänge, DGUV V70/71)

Dein Ziel ist einfach: Eure Arbeitsmittel und Anlagen funktionieren sicher im Alltag, Prüfungen sind wirksam und nachvollziehbar erledigt, und es ist klar, wer was prüfen darf. Drei Regelwerk-Blöcke tragen dich dabei: erstens die Prüfregeln (TRBS 1201 und 1201-2), zweitens die Anforderungen an befähigte Personen (TRBS 1203) und drittens die Prüfvorgaben der Betriebssicherheitsverordnung (Anhänge 1–3). Ergänzend kommen für Elektrotechnik die DGUV Vorschriften 3/4 und für Fahrzeuge die DGUV Vorschriften 70/71 dazu.

Was TRBS 1201 für dich bedeutet

TRBS 1201 beschreibt, wie du Prüfungen planst und durchführst: Art, Umfang und Fristen ermitteln, die richtige Prüfperson bestimmen, Ordnungs- und technische Prüfungen kombinieren und Ergebnisse prüffest festhalten. Ordnungsprüfungen klären, ob Dokumente, Kennzeichnung, Freigaben, Bedien- und Wartungsinfos stimmen. Technische Prüfungen vergleichen den Ist- mit dem Soll-Zustand und bewerten Abweichungen – vor Inbetriebnahme, wiederkehrend und nach Änderungen.

Hinweis

Wichtiges Update TRBS 1201-2 (11/2024)

Teil 2 präzisiert Prüfungen bei Gefährdungen durch Dampf und Druck: Ist eine Änderung prüfpflichtig, kommt die Prüfung vor Wiederbetrieb; ist es keine prüfpflichtige Änderung, reicht die Sicherstellung der ordnungsgemäßen Ausführung. Inhalte wurden neu sortiert (u. a. Verweise zu MSR/Cyber), damit du schneller findest, was gilt. Praxis-Schlüssel: Bei Umbauten immer bewusst entscheiden „Änderung ja/nein – und wenn ja, Prüfung vor Wiederbetrieb".

Wer darf prüfen – und was heißt „befähigte Person" wirklich?

Eine Teilnahmebescheinigung macht niemanden automatisch zur Prüfperson. Du hast die Auswahlpflicht. TRBS 1203 verlangt drei Dinge in Kombination: passende Berufsausbildung, ausreichende Berufserfahrung und eine aktuelle, auf das Prüfgebiet bezogene Tätigkeit. Dazu kommt Kenntnis des Stands der Technik und der einschlägigen Regeln. Für bestimmte Felder (Krane, Druckanlagen, Ex-Schutz, Aufzüge, elektrische Arbeitsmittel) gelten zusätzliche Anforderungen. Dein Vorgehen: Entweder du benennst intern eine befähigte Person (mit nachweisbarer Eignung und Aktualität), oder du beauftragst externe Sachkundige – je nachdem, wo deine eigene Fachkunde endet. Nach einem Unfall wird genau diese Auswahlentscheidung geprüft.

Elektro immer im Blick: DGUV V3/V4

Elektrische Anlagen und Betriebsmittel brauchen eine fachkundige Erstprüfung und geeignete Wiederholungsprüfungen. In der Praxis unterscheidest du:

- ortsveränderliche Betriebsmittel (Handmaschinen, Kabeltrommeln),
- ortsfeste Betriebsmittel (fest angeschlossene Geräte, Steckdosenkreise) und

- elektrische Anlagen (Verteilungen, Unterverteilungen, feste Installationen).

Die Intervalle legst du risikobasiert fest (Nutzungshäufigkeit, Umgebungsbedingungen, Fehlerhistorie). Wer prüft? Elektrofachkräfte oder befähigte Personen mit passender elektrotechnischer Qualifikation – mit Mess-, Sicht- und Funktionsprüfung, dokumentierten Grenzwerten und einem eindeutigen Urteil „sicher verwendbar/nicht verwendbar".

Fahrzeuge nicht vergessen: DGUV V70/71

TÜV/HU sind Pflicht – aber nicht genug. Dienst- und Bauhoffahrzeuge unterliegen zusätzlich den Unfallverhütungsvorschriften Fahrzeuge (kommunaler Bereich i. d. R. DGUV V71, gewerblicher Bereich DGUV V70). Was das bedeutet:

- tägliche/regelmäßige Fahrer-Checks (Bremsen, Lenkung, Beleuchtung, Bereifung, Spiegel, Rückfahrwarner, Auf-/Abstiege rutschfest),
- jährliche UVV-Prüfung des Fahrzeugs durch eine sachkundige Person,
- An- und Aufbauten (z. B. Ladekran, Streuaufsatz, Hebebühne) nach ihren eigenen Regeln prüfen lassen,
- Ladungssicherung, Zurrpunkte, Verzurrhilfen regelmäßig inspizieren,
- bei Winterdienst: Streutechnik, Sensorik, Hydraulik, Not-Abschaltungen funktionsgeprüft

Dokumentiere die Fahrzeugprüfungen separat (Fahrzeugakte): Checklisten, Mängel, Abstellung, Freigaben.

Betriebssicherheitsverordnung – was in den Anhängen steckt (und was du wofür prüfst)

Anhang 1 – Besondere Vorschriften für bestimmte Arbeitsmittel

Hier stehen Anforderungen an die sichere Verwendung typischer Arbeitsmittel: mobile und stationäre Arbeitsmittel, Führen von Arbeitsmitteln, Lastenhandhabung, Schutz vor mechanischen Gefährdungen, sichere Verkehrswege. Für dich heißt das: In Ordnungs- und Funktionsprüfungen prüfst du, ob die „Spielregeln der sicheren Verwendung" erfüllt und organisatorisch abgedeckt sind (Eignung und Einweisung, Schutzvorrichtungen, Not-Halt, Bremsen, Beleuchtung, Kennzeichnung).

Anhang 2 – Prüfvorschriften für überwachungsbedürftige Anlagen

Rahmen für Anlagen mit erhöhtem Risiko (z. B. Aufzugsanlagen, Ex-Bereiche, Druckanlagen). Anlässe und Zuständigkeiten: vor Inbetriebnahme, wiederkehrend, nach prüfpflichtiger Änderung – je nach Anlage durch eine zugelassene Überwachungsstelle (ZÜS) oder eine befähigte Person. Deine Aufgabe: Fristen ermitteln und dokumentieren, richtige Stelle beauftragen, Bescheide zentral ablegen.

Anhang 3 – Prüfvorschriften für bestimmte Arbeitsmittel

Sonderfälle wie Krane, Flüssiggasanlagen, maschinentechnische Arbeitsmittel der Veranstaltungstechnik. Für den Bauhof sind vor allem Krane/Ladekrane und Flüssiggasanlagen relevant. Du übernimmst Prüfumfang und Prüferqualifikation aus Anhang 3 in deine Planung – und dokumentierst die Ergebnisse nachvollziehbar.

So setzt du das Ganze im Bauhof Schritt für Schritt um

1.: Bestandsliste und Prüfmatrix

Erstelle eine aktuelle Liste deiner Arbeitsmittel/Anlagen – mit Spalten für Art/Gruppe, Anhang-Bezug (1/2/3), Prüfart (Erst-, wiederkehrend, anlassbezogen), Prüfzuständigkeit (befähigte Person, ZÜS, Elektrofachkraft), Frist und Dokument. Für Fahrzeuge führst du eine eigene UVV-Spalte (DGUV V70/71). Ergebnis: Du siehst auf einen Blick, wer was bis wann prüft – und wo besondere Anforderungen gelten.

2.: Befähigte Personen benennen oder extern beauftragen

Für jede Prüfgruppe legst du fest: Wer erfüllt Ausbildung, Erfahrung und aktuelle Tätigkeit? Lass dir das schriftlich belegen (Lebenslaufpunkte, Nachweise, Praxisreferenzen). Plane, wie diese Personen „up to date" bleiben (Herstellerinfos, Fachveranstaltungen, interne Schulungen). Achtung: Ein Lehrgang ist hilfreich – aber er ersetzt nicht fehlende Praxiserfahrung.

3. Prüfablauf schlank, aber vollständig

Kombiniere Sicht-/Ordnungsprüfung (Papiere, Kennzeichnung, Bedien-/Wartungsinfos) mit Funktions-/Messprüfung. Ergebnis ist ein klares Urteil „sicher verwendbar/nicht verwendbar" plus Maßnahmen und Termine. Nach Änderungen prüfst du bewusst, ob es eine prüfpflichtige Änderung ist – wenn ja, kommt die Prüfung vor Wiederbetrieb.

4.: Elektrotechnik eigenständig führen

Halte eine eigene Prüfliste für DGUV V3/V4: ortsveränderliche, ortsfeste Betriebsmittel und Anlagen – mit Intervallen, Prüfumfang, Messwerten und Urteil. Nach Instandsetzung immer prüfen; Wiederholungsfristen risikoorientiert planen und an die Fehlerhistorie anpassen.

5.: Fahrzeuge systematisch prüfen

Implementiere ein dreistufiges System: Fahrer-Tagescheck (Kurzliste am Fahrzeug), Wochencheck durch Werkstatt/Technik, jährliche UVV-Prüfung (DGUV V70/71). An-/Aufbauten mit eigenen Fristen führen (z. B. Krane, Hebebühnen, Hubladebühnen). Mängelmanagement verbindlich regeln: melden – sperren – Instand setzen – freigeben.

6.: Dokumentation prüffest

Zu jedem geprüften Objekt gehören: eindeutige Identifikation, Datum, Umfang, Prüfer, Mess-/Befundwerte und Urteil, plus nächste Frist. Für ZÜS-Anlagen legst du Bescheide zentral ab; für Fahrzeuge die UVV-Nachweise in der Fahrzeugakte. Wichtig ist die Nachvollziehbarkeit – nicht Papiermenge.

7. Verknüpfung mit der GBU und dem Tagesgeschäft

Prüfungen sind kein Selbstzweck. Mängel, die du findest, landen in der Gefährdungsbeurteilung als Maßnahme mit Termin und Verantwortlichem. Freigaben, die du erteilst, sind Startpunkte für Unterweisung („Was ist neu?"). Bei digital steuerungsrelevanten Anlagen koppelt ihr die MSR-/Cyber-Punkte direkt an Abnahme und Wiederholungsprüfungen (Zugänge, Protokoll, Updates/Backups, Fallback in den Handbetrieb).

Beispiel

Konkrete Bauhof-Beispiele

Werkstatt-Hebebühne: jährliche sicherheitstechnische Prüfung, täglicher Sichtcheck (Sicherheitsrast, Ketten/Hydraulik, Not-Ab), klare Sperrregel bei Mangel, Freigabe erst nach Instandsetzung.

Druckluftanlage: nach Umbau Prüfung vor Wiederbetrieb; wiederkehrende Dichtheitsprüfung; Kondensat-Entsorgung dokumentiert.

Salzsilo/Pumpensteuerung: Abnahme mit Cyber-Check (Default-Passwörter weg, segmentiertes Netz, Fernzugriff nur freigegeben), jährlicher Fallback-Test „Handbetrieb".

230-V-Handmaschinen: risikoorientierte Prüfintervalle (z. B. 6–12 Monate), Sichtprüfung vor Benutzung, Messwerte dokumentiert.

Kommunalfahrzeug: Fahrer-Check morgens (Beleuchtung, Bremsen, Reifen, Warnanlagen), Wochencheck Werkstatt, jährliche UVV-Prüfung nach DGUV V70/71, Anbaugeräte separat.

Wenn du so vorgehst, hast du alle Fäden in der Hand: Du weißt, welche Regel greift, wer prüfen darf, wann eine Änderung eine Prüfung auslöst – und wo die Ergebnisse liegen. Das macht Prüfungen kalkulierbar, hält Arbeitsmittel zuverlässig im Betrieb und spart Diskussionen bei Kontrollen.

Praxistipp

Prüfungen, befähigte Personen und Fahrzeug-UVV: sicher, zuständig, dokumentiert

Prüfungen folgen einer klaren Linie: Du legst Art, Umfang und Fristen fest (TRBS 1201), unterscheidest Ordnungs- und technische Prüfungen, berücksichtigst Änderungen vor Wiederbetrieb (Update TRBS 1201-2), wählst qualifizierte Prüfpersonen nach Ausbildung, Erfahrung und aktueller Tätigkeit (TRBS 1203) und setzt die Prüfvorgaben aus den Anhängen der Betriebssicherheitsverordnung um (sichere Verwendung von Arbeitsmitteln, überwachungsbedürftige Anlagen, spezielle Arbeitsmittel). Elektro führst du über DGUV V3/V4 mit eigener Prüfliste und Messwerten. Fahrzeuge regelst du zusätzlich über DGUV V70/71: Fahrer-Tagescheck, regelmäßiger Werkstatt-Check, jährliche UVV-Prüfung; An- und Aufbauten (Kran, Bühne, Streuaufsatz) haben eigene Fristen. Dokumentation ist prüffest und schlank: Identifikation, Datum, Umfang, Prüfer, Ergebnis, nächste Frist; ZÜS-Bescheide und Fahrzeugakten zentral ablegen. Verantwortlichkeit bleibt bei dir: Du triffst die Auswahlentscheidung für befähigte Personen, verknüpfst Prüfergebnisse mit GBU-Maßnahmen und Unterweisung und schließt den Kreis über Wirksamkeitskontrolle und Fortschreibung. Der Dreiklang sichert Qualität: Ressourcen (Zeit, Prüfer, Ersatzteile), Gefahren (Versagen, Manipulation), Belastungen (Zeitdruck, Schicht) – und damit störungsarmen, sicheren Betrieb.

Betriebsanweisungen (BA) schnell & verständlich

Wie BA, Unterweisungen und GBU tragen

Bevor du weiterliest: Betriebsanweisungen müssen konkret sein und zu deinem Bauhof passen. Eine generische Vorlage aus dem Internet, die nicht auf eure Tätigkeiten, Stoffe, Maschinen und Abläufe zugeschnitten ist, bringt wenig – im Zweifel gar nichts. Ziel ist ein kompakter, verständlicher „One-Pager" je Thema, der am Ort der Tätigkeit hängt, im Alltag genutzt wird und in die Unterweisung eingebunden ist. Je kürzer und klarer, desto besser. Nutze einfache Sprache und – wenn nötig – die Muttersprache deiner Leute. Wenn mehrere Sprachen im Team sind und Texte nicht greifen: Eine Bild-BA mit echten Fotos vom Arbeitsplatz ist zulässig und oft wirksamer als Textblöcke.

Wozu BA in eurem System dienen

Die Betriebsanweisung übersetzt die Gefährdungsbeurteilung in Handeln:

Sie sagt, was die Gefahr ist, welche Maßnahmen gelten (in STOP-Reihenfolge: vermeiden/ersetzen – technisch – organisatorisch – PSA), wie der sichere Ablauf aussieht und was im Notfall zu tun ist. Sie ist zugleich das Rückgrat der Unterweisung: Du erklärst, zeigst, lässt üben – und die BA bleibt als tägliche Erinnerungsstütze hängen. So wissen alle, was gilt, und du kannst es jederzeit nachweisen.

Wo BA zwingend sind

Gefahrstoffe: Schriftliche BA ist Pflicht – stoff- und tätigkeitsbezogen (z. B.: „Diesel umfüllen Werkstatt", „2K-Epoxid anrühren Box 3").

Biostoffe: BA für Tätigkeiten mit biologischen Arbeitsstoffen (Ausnahmen nur bei einzelnen, unkritischen Fällen). Form und Tiefe richten sich nach eurer Exposition/Schutzstufe. Arbeitsmittel: Für die sichere Verwendung von Maschinen/Anlagen ist eine BA sinnvoll und in vielen Betrieben Standard – besonders, wenn mehrere Personen dieselbe Maschine nutzen. PSA: Wo PSA den letzten Schutz bildet (Atemschutz, Absturzschutz, Chemikalienschutz), gehören Anlegen, Grenzen, Pflege und Wechsel in eine kurze BA.

So baust du eine BA, die gelesen wird

1. Zuschnitt: Eine BA pro Stoff/Gruppe oder pro Tätigkeit/Arbeitsmittel. Keine Sammel-BA für „alles".
2. Klartext: Zwei bis drei Kerngefahren in Alltagssprache, Schutzmaßnahmen in STOP-Reihenfolge, Ablauf in 3–5 Schritten.
3. Notfall: Anlage stoppen, Bereich räumen, wen anrufen, Erste Hilfe, sichere Entsorgung – in Stichpunkten.
4. Bilder/Piktos: GHS-Symbole, Fotos vom echten Arbeitsplatz, einfache Skizzen; Bilder ersetzen Text, nicht umgekehrt.
5. Versionierung: Datum, Version, Freigabe – und Auslöser für Updates (neuer Stoff, Verfahren, Unfall/Beinaheunfall, Regeländerung).
6. Aushang und Zugriff: BA direkt am Einsatzort anbringen und zusätzlich digital hinterlegen (QR-Code am Aushang).
7. Unterweisung koppeln: Jede neue/aktualisierte BA kurz unterweisen (zeigen – machen lassen – Rückfragen), schlank dokumentieren.

Einheitliches Design – schneller Wiedererkennungswert

Eine einheitliche Optik spart Suchzeit. Bewährt hat sich eine betriebsinterne Farblinie, zum Beispiel:

- Blau für Arbeitsmittel und Maschinen,
- Orange (oder kräftiges Rot) für Gefahrstoffe,
- Grün für PSA-Anweisungen und Biostoffe,
- Rot für Wartung, Reparatur und Instandhaltung.

Gesetzlich vorgeschrieben ist das nicht – aber betriebsweit durchgängig eingesetzt erhöht es die Orientierung. Wichtig ist die Einheitlichkeit im Haus, nicht die „richtige" Farbe im Lehrbuch.

Typische Stolperfallen – und wie du sie vermeidest

Zu viel Text: Eine Seite reicht fast immer. Wird es länger, stimmt der Zuschnitt nicht (Thema weiter aufteilen).

Fremdvorlagen: Unangepasste Internet-BA spiegeln eure Realität nicht – streichen oder anpassen.

PSA ohne „Wie": „tragen" reicht nicht. Kurz erklären: wie anlegen, was sind die Grenzen, wie pflegen/wechseln.

Keine Pflege: Änderungen im Verfahren, neue Stoffe oder neue Schutzmaßnahmen sofort in die BA übernehmen – und nachunterweisen.

BA ohne Ort: Aushang im Büro hilft dem Team am Gerät nicht. BA gehört dahin, wo die Arbeit passiert.

So ordnest du BA in dein Bauhof-System ein

Inhaltliche Quelle ist immer die Gefährdungsbeurteilung. Für jede neue Maßnahme in der GBU erstellst du die passende BA (oder aktualisierst sie) und verknüpfst sie mit der Unterweisung. In der Praxis bedeutet das: GBU-Änderung → BA-Update → Unterweisung vor Ort → kurze Doku.

Bei Stichproben (Toolbox/Begehung) prüfst du, ob die BA hängt, verstanden ist und gelebt wird. Fehlt etwas, änderst du sofort – nicht „zum Jahresende".

Beispiel

Praxisbeispiele kurz skizziert

BA „Außenarbeit Hitze/UV": UV-Index verstehen, Schichtfenster, Verschattung/Unterstand, Trinkregeln, Stop bei Gewitter/Extremhitze; Bild eines Schattenplatzes am Fahrzeug, UV-Index-Grafik.

BA „Diesel umfüllen Werkstatt": Erdung, Absaugarm, Zündquellen fernhalten, Leckage-Set; Notfall: dicht machen, binden, melden; Foto vom echten Umfüllplatz. BA „Kreissäge": Schutzhaube/Absaugung prüfen, Not-Halt testen, Reihenfolge der Schnitte, Reinigungsverbot mit Druckluft; Foto der Maschine mit markierten Bedienelementen. BA „Absturz-PSA": richtiges Anlegen, Partnercheck, Anschlagpunkte, Rettungsweg; Grenzen (keine scharfen Kanten, Fallstrecke beachten); kurze Bildreihe Anlegen/Partnercheck.

Kurz gesagt: Eine gute BA ist kein Flurplakat, sondern ein kompaktes Arbeitsrezept am Ort der Tätigkeit. Sie macht die GBU greifbar, trägt die Unterweisung in den Alltag und sorgt dafür, dass Maßnahmen dort ankommen, wo sie wirken sollen – bei Gefahrstoffen, Biostoffen, Arbeitsmitteln und bei PSA. Wenn sie kurz, konkret, einheitlich gestaltet und immer aktuell ist, wird sie benutzt – und genau darum geht es.

Praxistipp

Nutzen, Zuständigkeiten und Organisation von Betriebsanweisungen

Betriebsanweisungen sind wichtig, weil sie die Gefährdungsbeurteilung in tägliches Handeln übersetzen. Von der Anleitung zur Anweisung heißt: weg von allgemeinen Merkblättern, hin zu klaren, verbindlichen Regeln am konkreten Arbeitsplatz. Zuständig ist die Bauhofleitung für Freigabe und Aktualität; fachlich zuarbeiten können Sifa, Vorarbeiter

und befähigte Personen. An die Arbeit bedeutet: BA werden im Team entwickelt, vor Ort geprüft, ausgehängt und in Unterweisungen geübt. Organisation heißt: ein einheitliches Layout, feste Orte zum Aushang, Versionierung mit Datum/Freigabe, klare Auslöser für Updates (neuer Stoff, neues Verfahren, Unfall/Beinaheunfall, Regeländerung) sowie ein schneller Zugriff, auch digital. So tragen BA-Unterweisungen und GBU und sind dort präsent, wo Entscheidungen fallen.

In fünf Schritten zur BA

Eine Betriebsanweisung ist kein Deko-Plakat, sondern der eine Zettel, nach dem sich die tägliche Praxis richtet. Sie muss zu eurem Bauhof passen, in einfacher Sprache formuliert und am Arbeitsplatz sofort nutzbar sein. Schreib sie nicht für die Sifa oder für den Richter, sondern für dein Team. Gerade langjährige Kolleginnen und Kollegen – oft deine besten Praktiker – müssen sich darin wiederfinden. Verlasse den Schreibtisch: Gehe an den Ort der Tätigkeit, fotografiere die echte Maschine, den echten Umfüllplatz, den Schattenbereich draußen.

Nutze Piktogramme aus der ASR A1.3 – deine Unfallkasse oder Berufsgenossenschaft stellt sie in guter Qualität kostenfrei als Download bereit.

Und: Erste Hilfe und Entsorgung gehören immer hinein, kurz und klar. Unter Stress vergisst man selbst die 112; schreib sie mit auf, dazu interne Notrufwege und der Standort der Erste-Hilfe-Mittel.

Schritt 1 – Zuschnitt festlegen

Eine BA je Stoffgruppe oder Tätigkeit/Arbeitsmittel. Keine Sammel-BA, die niemand liest. Der Titel benennt eindeutig das Wofür, z. B.: „Freischneider Grünpflege Park", „Dieselkraftstoff umfüllen Werkstatt", „Außenarbeit: UV/Hitze an heißen Tagen". Je klarer der Zuschnitt, desto eher wird die BA gefunden – und genutzt. Nutze die BA auch als Leitfaden für die Unterweisung: Wer als Führungskraft unterweist, sieht auf einen Blick, worauf zwingend einzugehen ist. Grundsatz: Weniger Papier, mehr Akzeptanz.

Schritt 2 – Sprache runterbrechen, Piktos hochfahren

Schreibe in kurzen, aktiven Sätzen: „Schalte ab. Warte Stillstand ab. Nutze Absaugung." Vermeide Abkürzungen und Fachjargon. Setze Piktogramme gezielt ein (Gefahrstoffsymbole, PSA-Piktos, Gebots-/Verbotszeichen) und ergänze ein bis zwei Fotos vom echten Arbeitsplatz oder der Maschine. Wenn Teile des Teams nur eingeschränkt Deutsch lesen, erstelle eine zweisprachige oder sprachreduzierte Version. Eine reine Bild-BA ist möglich – wichtig ist, dass alle Inhalte vollständig und eindeutig sind. Für Außenarbeit nimmt die BA zusätzlich das Wetter- und UV-Thema mit Piktos auf (Sonnenschutz, Kopfbedeckung, Trinkwasser, Gewitter-Stop).

Schritt 3 – Inhalte in Praxisreihenfolge

Beginne mit „Gefahr in zwei Sätzen": Was kann passieren und warum? Danach folgen die Schutzmaßnahmen in der richtigen Reihenfolge: vermeiden/ersetzen, technisch sichern, organisatorisch regeln, persönliche Schutzausrüstung. Anschließend der sichere Ablauf in drei bis fünf Handgriffen („So läuft die Arbeit sicher") und zum Schluss „Wenn etwas schiefgeht": Stoppen, Bereich sichern, wen anrufen (112 und interne Nummern), Erste Hilfe, sichere Entsorgung. Für Arbeitsplätze im Freien verankerst du die Punkte aus der Regel zu Arbeit im Freien direkt in der BA: Schichtfenster (früh/abend), Verschattung/Unterstand, körperbedeckende leichte Kleidung, Kopfbedeckung, Sonnenbrille und Sonnenschutz, Trinkwasserregeln, Stop bei Gewitter oder Extremwerten. Damit werden die Saisonregeln nicht vergessen, sondern jeden Tag „mitgelesen".

Schritt 4 – Mehrsprachig und barrierearm bereitstellen

Die BA hängt dort, wo gearbeitet wird – nicht im Büro. Zusätzlich stellst du sie digital bereit (z. B. QR-Code am Aushang). Bei gemischten Teams erstellst du eine zweite Sprachfassung mit gleicher Struktur und gleichen Piktos. Bei Biostoff-Tätigkeiten ergänze Hygiene-Piktos (Händewaschen, Wechselzonen, Essen/Trinken verboten) und die Kernregel „staub- und spritzarm arbeiten". Ziel ist, dass niemand raten muss, was gemeint ist.

Schritt 5 – Unterweisen, anwenden, nachführen

Jede neue oder geänderte BA wird kurz am Arbeitsplatz unterwiesen: zeigen – machen lassen – Rückfragen klären. Dokumentation schlank: Thema, Datum, Unterweisende Person, Teilnehmende, was neu ist. Nach ein paar Wochen prüfst du in einer Toolbox-Minute, ob die Regeln greifen. Wenn nicht, passt du die BA an (Foto aktualisieren, Formulierung vereinfachen, Schrittfolge klarer machen). Saisonale Themen (UV/Hitze) aktualisierst du zum Saisonstart und verknüpfst sie mit der täglichen UV-Planung.

Worauf du zusätzlich achtest

Die BA folgt der Gefährdungsbeurteilung – nicht umgekehrt. Sie ist bei Gefahrstoffen und Biostoffen verbindlich und bildet bei Arbeitsmitteln/PSA die verständliche Nutzungsanweisung. Halte Version, Datum und Freigabe fest. Definiere Update-Auslöser: neuer Stoff, neues Verfahren, anderes Werkzeug, Ereignis (Unfall/Beinaheunfall), Regeländerung.

Eine Bild-BA kann sehr gut funktionieren, solange sie vollständig ist; bewährt ist eine kurze Text-Bild-Kombination mit gleicher Struktur in allen Sprachen. Und: Nimm immer Erste Hilfe und Entsorgung in einem Mini-Block auf (z. B. „Anlage stoppen – Hilfe rufen – Erste Hilfe – verschüttetes Material aufnehmen/behältern – Entsorgung nach interner Regel XY").

Qualitätscheck aus der Praxis

- Passt die BA sichtbar zum Ort und zur Tätigkeit (Foto, Bezeichnungen, Anordnung von Bedienelementen)?
- Sind Gefahr, Schutz und Ablauf in weniger als einer Minute erfassbar?
- Ist das Notfallfeld vollständig (112 und intern, Ersthelfer-Ort, Augendusche, Brandschutz)?
- Sind Piktos groß genug, Kontrast gut, Sprache einfach?
- Gibt es eine zweite Sprachfassung oder Bild-BA, falls nötig?
- Ist die Version aktuell und in der Unterweisung verankert?

Wenn du diese fünf Schritte konsequent gehst, entstehen Betriebsanweisungen, die gelesen, verstanden und gelebt werden: klar, konsistent, mehrsprachig – und mit allem drin, was euer Bauhof im Alltag braucht, inklusive der besonderen Anforderungen für Arbeit im Freien. Genau so wird aus einem Zettel am Aushang ein wirksames Arbeitsrezept.

Praxistipp

Richtig erstellen: Inhalt, Form, Sprache, Ablauf

Betriebsanweisungen richtig erstellen heißt: pro Thema eine Seite, in einfacher Sprache, mit starken Piktogrammen und – wenn nötig – mehrsprachig oder als Bild-BA. Inhalte folgen der Praxisreihenfolge: Gefahr kurz benennen; Maßnahmen nach STOP (vermeiden/ersetzen – technisch – organisatorisch – PSA); sicherer Ablauf in wenigen Schritten; Notfall mit 112, interner Nummer, Erste Hilfe und Entsorgung. Grundlage sind immer GBU und Betriebsrealität, nicht Mustertexte. BA für Arbeitsabläufe fassen wiederkehrende Tätigkeiten zusammen (z. B. „Außenarbeit an heißen Tagen", „Sicheres Umfüllen Diesel/AdBlue") und dienen Unterweisenden als roter Faden. Mit QR-Code oder Kurzlink sind Fotos vom echten Arbeitsplatz, Checklisten oder kleine Videos erreichbar. Ergebnis: verständliche BA, die gelesen, verstanden und in Unterweisungen gelebt werden.

Aktuelle Themen

Als Bauhofleitung (oder als zuständige Führungskraft im Bereich) richtest du deine Betriebsanweisungen auf die Themen aus, die 2025 wirklich zählen. Jede BA verknüpfst du eng mit der Gefährdungsbeurteilung und der Unterweisung am Arbeitsplatz. So bleiben die Regeln kurz klar und werden im Alltag tatsächlich gelebt.

Asbest im Bestand

Bei Bestandsarbeiten gilt: erst prüfen, dann arbeiten. In die BA gehört ein klarer Freigabeweg mit Zuständigkeit (wer prüft Baujahr/ Bauteil/Material, wer veranlasst Probe, wer gibt frei). Arbeitstechnisch beschreibst du staubarme Verfahren mit Absaugung und Befeuchtung, kurze Wege, Einhausung, Zutrittssperre, getrennte sauber/schmutzig-Bereiche und die sichere Entsorgung. Stop-Regel bei Verdacht ist Pflicht. Solange alle Detailregeln umgestellt werden, stützt du dich auf die Überleitung zur Asbest-Regel; in der BA steht, wer bei unklaren Schichten entscheidet und wie dokumentiert wird.

Diisocyanate (REACH-Schulung)

Für Produkte mit freien Diisocyanaten ab 0,1 Prozent gilt: niemand arbeitet ohne passenden Schulungsnachweis; Auffrischung mindestens alle fünf Jahre. Die BA enthält deshalb die Schwelle, die passende Schulungsstufe (allgemein/aufbau/fortgeschritten je nach Exposition), den Freigabepunkt „ohne Nachweis keine Tätigkeit“ und die Etikett-Info. Kurzunterweisung am Arbeitsplatz ergänzt: sicheres Umfüllen, Verbot von Sprühanwendungen ohne geprüfte Absaugung, Temperaturgrenzen, Handschuhmaterial nach Durchbruchzeit, sauberes Ausziehen der Handschuhe.

Holzstaub (aktualisierte Vorgaben)

Holzarbeiten laufen im Bauhof oft nebenbei. Die BA schreibt deshalb fest: Absaugung direkt an der Entstehungsstelle, staubarme Verfahren (z. B. Sägeblattwahl), kein Abblasen mit Druckluft, Reinigung mit Entstauber Staubklasse M, geordnete Entsorgung. Vor Arbeitsbeginn: Absaug-Check, Schutzhaube und Not-Halt prüfen. Bei Restbelastung persönliche Schutzstrategie (Augenschutz, ggf. Atemschutz); Mess- oder Abschätzpfad, wenn Exposition unklar ist. Der Hinweis auf das langfristige Risiko (z. B. Nasenschleimhautkrebs bei bestimmten Holzstäuben) gehört in die Unterweisung.

Dieselmotor-Abgase

Wo Dieselabgase auftreten – in Hallen oder bei langen Standzeiten – regelt die BA die drei Hebel: Technik (Absaugung/Abführung, Luftführung), Organisation (Fahrwege, Lüftungszeiten, Laufzeiten minimieren, Leerlauf vermeiden), PSA nur bei unvermeidbarer Restbelastung. Leicht merkbare Wenn-dann-Punkte helfen: Wenn Sicht trüb oder Abgasgeruch wahrnehmbar, dann Anlage stoppen, Halle lüften, Ursache beheben, erst danach weiterarbeiten. Änderungen wie die Umstellung auf emissionsarme Aggregate hältst du in der BA nach und kontrollierst ihre Wirksamkeit.

Motorsäge

Die BA nennt Eignung, Qualifikation, Unterweisung und eine geübte Routine als Grundvoraussetzung. Inhalte: vollständige Schnittschutz-PSA, Start- und Schnitttechniken, Kickback-Vermeidung, Kettenbremse, zwei Personen bei kritischen Arbeiten, sichere Wege, Rettungsabsprachen. In der Unterweisung zeigst du die Handgriffe am echten Gerät, lässt üben und hältst fest, wer für welchen Einsatz qualifiziert ist. Für Arbeiten im Baum oder an Verkehrsflächen ergänzt du Absturzschutz und Verkehrsabsicherung.

Biostoffe (Grünpflege, Abfall, Kompost, Abwasser)

Die BA fasst Grundmaßnahmen zusammen: Hygiene (Wechselmöglichkeiten, Händewaschen), staub- und spritzarme Verfahren, passende PSA je Tätigkeit (Hand-, Augen-/Gesichts-, ggf. Atemschutz), saubere/schmutzige Wege, sichere Entsorgung. Für Abwasser-/Schachtarbeiten ergänzt du Freigabe- und Sicherungsregeln (Gasmessen, Lüften, Kommunikation, Rettung). Saisonale Unterweisungen gehören dazu (Pollen, Schimmel, Eichenprozessionsspinner,

Ambrosia, Herkulesstaude, invasive Stechmücken). Impfangebote klärst du mit dem Betriebsarzt, etwa Tetanus oder – bei Abwasser – geeignete Hepatitis-Impfungen; nach Tierbiss sofort ärztlich abklären. Hygiene bleibt der stärkste Schutz, eine „Impfung gegen alles" gibt es nicht.

Hinweis

Warum bei rotierenden Teilen keine Handschuhe getragen werden

Diese Begründung gehört in jede BA für Bohr-, Dreh- und Fräsmaschinen (z. B. Ständerbohrmaschine): Beim Bohren oder Drehen erzeugt die Rotation Einzugskräfte. Handschuhe bieten der drehenden Oberfläche Angriffs- und Haftflächen. Wird der Handschuh erfasst, zieht die Maschine die Hand in Millisekunden ein – schwere Quetsch-, Scher- oder Abrissverletzungen sind die Folge. Der vermeintliche Schnittschutz wird so zur Hauptgefahr. Sicherer ist: keine Handschuhe an rotierenden Teilen, dafür Werkstück spannen (Maschinenschraubstock, Niederhalter), Späne mit Spanpinsel entfernen, Ärmel eng anliegend, Schmuck ab, lange Haare binden, Not-Halt testen. Regeln, die erklärt sind, werden eingehalten – Regeln ohne Begründung werden eher umgangen.

So setzt du die Themen schlank um

Du legst pro Thema eine einseitige BA an, verknüpfst sie mit der Gefährdungsbeurteilung, unterweist kurz am Arbeitsplatz (zeigen – nachmachen – Rückfragen), dokumentierst knapp und prüfst nach einigen Wochen, ob die Regeln greifen. Wo es hakt, passt du Formulierungen und Bilder an. Für Außenarbeit ergänzt du die Punkte zu UV/Hitze, Verschattung, Trinkwasser und Stop-Regeln. Bei Gefahrstoffen und Biostoffen achtest du auf klare Piktos und kurze, eindeutige Anweisungen. So deckst du die 2025 relevanten Pflichten ab – und sorgst vor allem dafür, dass deine Leute sicher arbeiten, weil sie die „Warum"-Gründe kennen und die BA täglich nutzen.

Praxistipp

Themen 2025/2026 in BA abbilden: Gefahrstoffe, Biostoffe, Geräte, PSA, Prozesse, Notfall, Brandschutz

Für 2025/2026 priorisierst du BA zu Asbest im Bestand (Freigabeweg „erst prüfen, dann arbeiten“, staubarme Verfahren, Stop-Regel, Entsorgung), Diisocyanaten (REACH-Schulungsnachweis, Stufe passend zur Exposition, Etikett-Hinweis, Sprüh- und Temperaturgrenzen), Holzstaub (Absaugung an der Quelle, keine Druckluft, staubarme Reinigung, ggf. Mess-/Abschätzung), Dieselabgasen (Technik/Organisation/PSA, Wenn-dann-Regeln), Motorsäge (Eignung, Qualifikation, Schnittschutz-PSA, Start-/Schnitttechnik, Kickback, 2-Personen-Regel), Biostoffen gemäß Biostoffverordnung/TRBA (Hygiene, Wechselzonen, staub-/spritzarm, PSA, Entsorgung, Freigaben für Abwasser/Schacht).

Ergänze BA für Betriebsmittel/Geräte (z. B. Kreissäge, Ständerbohrmaschine) samt Begründungen, warum Regeln gelten: keine Handschuhe an rotierenden Teilen, weil Einzugskräfte Handschuhe blitzschnell erfassen und schwere Verletzungen verursachen; Werkstück spannen, Späne mit Pinsel entfernen, Ärmel eng, Schmuck/Haare sichern. BA für Schutzausstattung erklären Anlegen, Grenzen, Pflege und Wechsel (Atemschutz, Absturzschutz); BA für Reparatur/Instandsetzung regeln Nullenergie/LOTO, Freigaben und Probebetrieb; BA für Erste Hilfe/Notfälle nennen klare Schritte und Meldewege; BA für Brandschutz und Feuer beschreiben Verhalten, Löschmittel, Alarm- und Evakuierungswege. So werden alle Kernfelder – Gefahrstoffe, Biostoffe, Betriebsmittel/Geräte, PSA, Abläufe, Reparaturen/Wartung, Erste Hilfe/Brandschutz – konkret und praxistauglich abgedeckt.

Kontrollbegehungen (intern/extern)

Bei Begehungen zählt nicht die dicke Mappe, sondern ob eure Regeln im Alltag funktionieren. Prüferinnen und Prüfer – intern wie extern – sehen heute sehr ähnlich hin: Sind die Fluchtwege frei und Notausgänge funktionsfähig? Ist die Erste Hilfe belastbar organisiert – nicht nur auf dem Papier? Ist bei Außenarbeiten erkennbar, dass Wetter- und UV-Schutz geplant wird und nicht vom Zufall abhängt? Sind Gefährdungsbeurteilungen greifbar und auf Stand, und führen eure Unterweisungen tatsächlich zu sicherem Verhalten?

Fluchtwege und Notausgänge

Das ist die häufigste Fundstelle. Wegbreiten eingehalten, Türen nicht zugestellt oder verkeilt, Kennzeichnung vollständig, Sicherheitsbeleuchtung funktionsfähig, Flucht- und Rettungspläne aktuell und dort ausgehängt, wo man sie im Stress auch findet. Lege im Team No-Gos fest: keine Lagerung in Fluchtwegen, keine Keile in Türen. Prüfe das wöchentlich mit einem Zwei-Minuten-Gang durch eure Bereiche – kurz reicht, aber regelmäßig.

Erste Hilfe – Organisation statt Show

Aushänge und Notrufnummern müssen sichtbar und aktuell sein. Verbandmaterial, Augenduschen, bei Bedarf ein Erste-Hilfe-Raum: vollzählig und greifbar. Der Knackpunkt ist die Anwesenheit: Habt ihr im Alltag wirklich genug Ersthelfer vor Ort? Plane mit Urlaub, Schicht, Krankheit, Fortbildung – als Unterkante zehn Prozent bezogen auf die anwesenden Personen. Fortbildung alle zwei Jahre fest einplanen und Nachweise griffbereit halten. Praxis-Tipp, der im Ernstfall Orientierung schafft: Lasst eure Ersthelfer das Erste-Hilfe-Symbol auf die Arbeitskleidung nähen. Unter Stress erkennt man so auf einen Blick, wer anspricht und anleitet. Und falls dir Freiwillige fehlen: Argumentiere ehrlich. Einen Erste-Hilfe-Kurs braucht man statistisch öfter privat (Kinder, Eltern, Sport) als im Betrieb. Wer unsicher ist, dem kannst du zusätzlich einen Tag „Erste Hilfe am Kind“ oder „Erste Hilfe am Tier“ spendieren – das erhöht Bereitschaft und Motivation.

Außenarbeit: Wetter- und UV-Schutz sichtbar

Prüfende stellen heute sehr konkrete Fragen: Nutzt ihr den UV-Index für die Tagesplanung? Gibt es Verschattung und Unterstände? Steht Trinkwasser bereit und wird es genutzt? Sind Schichtfenster angepasst (früher beginnen, Mittagsspitzen meiden)? Gibt es Stop-Regeln bei Gewitter, Sturm oder Extremhitze/-kälte? Und steht das in Unterweisungen und Betriebsanweisungen – oder nur im Kopf? Verankere die Punkte in deiner GBU, schreibe sie kurz in die BA „Außenarbeit UV/Hitze/Kälte" und erinnere mit Toolbox-Minuten an heißen, kalten oder stürmischen Tagen.

Brandschutz – praktisch und wiederkehrend

Du brauchst benannte Brandschutzhelfer in ausreichender Zahl; als Faustzahl mindestens fünf Prozent, bei erhöhter Brandgefährdung mehr. Die Ausbildung enthält Praxis am Löscher. Plane die Auffrischung im Intervall von drei bis fünf Jahren – bei Umbauten oder Prozessänderungen früher. Halte Löschmittel sichtbar und geprüft, Brandlasten überschaubar, Fluchtwege frei. Trage die Übungs- und Prüftermine in eine Jahresübersicht ein und dokumentiere die Teilnahme kurz, aber verlässlich.

GBU und Unterweisungen: Wirksamkeit statt Formalien

Heute wird nicht mehr (nur) gefragt, ob es eine Gefährdungsbeurteilung gibt, sondern ob sie wirkt. Sind alle Bereiche und Tätigkeiten erfasst – inklusive besonderer Gruppen wie Jugendliche, werdende/stillende Mütter oder Beschäftigte mit Behinderung? Sind Anlässe für Unterweisungen nachvollziehbar (neue Maschine, neues Verfahren, Jahreszeitenwechsel, Beinaheereignis)? Passt die Unterweisung zum Arbeitsplatz – mit Rückfragen und kleinem Praxisanteil – und ist der Kern knapp dokumentiert (Thema, Datum, wer hat unterwiesen, wer war dabei, was ist neu, was wurde geübt)? Genau diese Punkte trennen „formal erfüllt" von „wirklich sicher".

So bereitest du dich vor – Schritt für Schritt und ohne Theater

1. Top-5-Check: Fluchtwege frei; Aushänge und Pläne aktuell; Erste-Hilfe-Ausstattung vollständig; Ersthelfer-Präsenz gesichert und erkennbar; UV-/Wetterregeln sichtbar (BA „Außenarbeit" hängt am Fahrzeug/Depot).
2. Stichprobe GBU: Öffne zwei bis drei Beurteilungen aus Praxisbereichen (z. B. Außenkolonne, Werkstatt, Lager/Verkehr). Siehst du die Maßnahmen im Betrieb wieder? Stimmen Termine, Verantwortliche und Umsetzungsgrad?
3. Unterweisungen querprüfen: Zu den ausgewählten GBU-Themen eine Doku aufschlagen – ist erkennbar, was neu war und was praktisch geübt wurde? Gibt es anlassbezogene Kurzunterweisungen (Maschinenupdate, Stoffwechsel, Beinaheunfall)?
4. Brandschutz: Sind Brandschutzhelfer benannt, Löschübungen geplant und dokumentiert, Löscher geprüft und erreichbar, Brandlasten geordnet?
5. Baustellen draußen: Bei akuter Hitze-/Unwetterlage eine Toolbox-Minute ansetzen (UV-Index, Schatten, Trinkregeln, Stop bei Gewitter); kurz dokumentieren.

Deine Monats- und Quartalsroutine

Einmal im Monat eine 15-Minuten-Begehung mit Vorarbeiter und Sicherheitsbeauftragtem. Du gehst die neuralgischen Punkte ab, nimmst zwei Mini-Mängel direkt vor Ort aus der Welt und hinterlegst für die größeren Themen „wer macht was bis wann". Einmal im Quartal die große Runde mit Sifa und – wo sinnvoll – dem Betriebsarzt (ASA): GBU-Fortschreibung, Unterweisungsplan, Erste Hilfe, Brandschutz, Prüfpflichten. Unterweisungen ziehst du bei Bedarf als Kurz-Toolbox nach und fixierst die nächsten Ersthelfer-/Brandschutzhelfer-Termine im Kalender.

Eindeutige, kleine Beweise statt großer Ordner

Begehungen werden gelassen, wenn du kleine, eindeutige Belege parat hast: ein aktueller Flucht- und Rettungsplan am Ort, ein Foto vom Schattenplatz am Fahrzeug, eine Liste der Ersthelfer mit erkennbarer Kennzeichnung, eine Unterweisungsseite mit „Was ist neu" und „Handgriff geübt", eine UV-Index-Notiz im Schichtstart, ein

Brandschutzprotokoll mit „Löscher geprüft – ok“. Diese „Mikrobelege“ zeigen, dass ihr nicht nur schreibt, sondern handelt.

Noch zwei hilfreiche Tipps aus der Praxis

Erstens: Mache den Ersthelfer sichtbar, aber auch die Ansprechperson für Arbeitsschutzfragen je Bereich. Menschen helfen schneller, wenn sie wissen, wen sie ansprechen. Zweitens: Halte eine kurze „Begehungstasche“ bereit – Warnweste, Stift, Klebeetiketten „gesperrt“, kleine Checkliste. Mängel, die du sofort abstellen kannst, erledigst du direkt; was Zeit braucht, bekommt einen Termin und Verantwortliche.

Unterm Strich

Begehungen sind kein Stresstest, wenn du jeden Tag ein bisschen „begehungsfest“ lebst. Frei begehbare Fluchtwege, verlässliche Erste Hilfe, geplanter UV-/Witterungsschutz, nachvollziehbare GBU und wirksame Unterweisungen – mit kurzen Nachweisen – sind die fünf Säulen. Wenn die stehen, verläuft die Mehrzahl der Begehungen ruhig. Wichtiger noch: Deine Leute arbeiten sicherer, und genau darum geht es.

Praxistipp

Kontrollbegehungen: intern und extern, mit klarer Rolle von Sifa/Betriebsarzt und Behörden/UV-Träger

Kontrollbegehungen sichern, dass BA und GBU im Alltag wirken. Externe Begehungen durch Behörden und Unfallversicherungsträger prüfen v. a.: Fluchtwege und Kennzeichnungen, Erste Hilfe und Alarmierung, BA/GBU-Nachweise, UV-/Witterungsschutz draußen, Schulungen und ihre Dokumentation. Begehungen durch Betriebsarzt und Sifa fokussieren auf Wirksamkeit: Passen Maßnahmen zur Exposition, sind BA aktuell, werden sie verstanden und genutzt, stimmen Vorsorge und Organisation. Interne Begehungen laufen regelmäßig mit Vorarbeitern und Sicherheitsbeauftragten: kurze Rundgänge, Mängelliste mit „wer macht was bis wann“, Nachsteuerung per Toolbox-Minute, BA-Updates sofort. Ergebnis

jeder Begehung sind greifbare Korrekturen, keine Ordner. So verknüpfst du BA, Unterweisung und GBU mit einem funktionierenden Kontrollsystem – intern stabil, extern souverän.

Stichwortverzeichnis

Abkürzungsverzeichnis

AGW	Arbeitsplatzgrenzwert
ASA	Arbeitsschutzausschuss
BA	Betriebsanweisung
DGUV	Deutsche Gesetzliche Unfallversicherung
GBU	Gefährdungsbeurteilung
HEPA	High Efficiency Particulate Air (z. B. HEPA-Filter = Schwebstoff-Filter)
KMF	Künstliche Mineralfasern
LOTO	Lockout – Tagout (Sicherheitsverfahren mit Abschaltung und Kennzeichnung von Maschinen während Wartungsarbeiten)
PAK	Polyzyklische Aromatische Kohlenwasserstoffe
PSA	Persönliche Schutzausrüstung
Sifa	Fachkraft für Arbeitssicherheit
TRBS	Technische Regel für Betriebssicherheit
TRGS	Technische Regel für Gefahrstoffe